日本インテリジェンスの再興

Revival of Japanese Intelligence

福山隆

目次

第4章　筆者が体験・見聞した諜報・防諜に関する話

第5章　スパイ天国日本——中国のスパイ・謀略工作の脅威

第8章　日本の情報体制の現状

第9章　日本インテリジェンスの再興（情報体制の強化策）についての私見

目次

まえがき

　米中覇権争いの激化とウクライナ戦争の勃発で、我が国を取り巻く安全保障環境が風雲急を告げるようになった。果ては、第三次世界大戦や核戦争までも想定内に入るほどの危機的な状態となりつつある。

　戦後、3四半世紀以上も、我が国は、安全保障の大部分をアメリカに委ねてきた。あたかもカエルが徐々に茹でられるのを感知できない——「茹でガエル」——と同じように、日本人は国家の危機についての意識が鈍感になってしまった感がある。我が国は、この事態に臨み、おそまきながら、まるで「泥棒を捕らえて縄を綯う」かのように国防力の強化に舵を切った。とはいえ、戦後長きにわたり惰眠をむさぼってきたつけは深刻で、中国の暴虐を撃退できる実力を整えるにはほど遠い。

　この未曽有の危機に臨んで、日本人は、取り乱すことなく、「狂瀾を既倒に廻らす」という諺《ことわざ》通りのポジティブ・マインドで逆風に立ち向かう気概を持つべきであろう。「狂瀾」とは荒れ狂う大波、「既倒」とは倒れてしまった後の状態、「廻らす」とは元通りにするという意味である。それゆえ、文字通りの意味は、「荒れ狂って砕ける大波を支えて元の方向に押し戻す」であるが、それが転じて、「衰退した者を復興させることのたとえで、傾いた形勢を再び元の状態に戻すこと」を表わす。

　そのためには「アメリカに国防を依存する体制」から脱却し、「自らの国は自ら守る」という強い国民世論を形成し、国防体制を強化して、現在のレジームを「回天」――衰えた勢いを盛り返す――する必要がある。日本にはピンチに見舞われた際には、これを契機に大改革を成し遂げる潜在力がある。過去二度の大改革はペリーの来航と大東亜戦争敗戦という大きな危機に見舞われたことがきっかけだった。

日本は、究極的には、憲法改正を行い、自衛隊を国際法で定める軍事組織にし、集団的自衛権を列国なみに保持して自主防衛体制の構築を目指すべきである。令和時代に生きる我々は、米中覇権争いとウクライナ戦争を「第三の黒船」として日本の「回天」を図らなければならない。

今後想定される、西太平洋という「土俵」で生起するアメリカと中国が激突する事態――必然的に日本が巻き込まれる――に臨み、戦略家エドワード・ルトワックの「平和を欲すれば戦争に備えよ」という逆説的論理に従い、早急に日本の自主防衛力強化に向け「回天」を果たさせなければならない。

我が国の防衛力の強化は、「憲法をはじめとする法制面の強化」「武器装備の近代化と数量の確保」「兵站面の強化」「予備役戦力の拡充」「インテリジェンス（諜報・防諜）体制・能力の強化」、など多岐にわたり、その完成には時間と金がかかる。

これらのなかで、「インテリジェンス（諜報・防諜）体制・能力の強化」は、『孫子』の「敵を知り己を知らば百戦危うからず」という訓えの通り、国家の安全保障にとって最優先の課題である。

本書では、大東亜戦争で連合軍（アメリカ）から解体されてしまった日本インテリジェンスの再興を願い、その大要について私説を述べてみたい。

第1章　危機迫る日本——
日本は戦後レジームを克服する好機

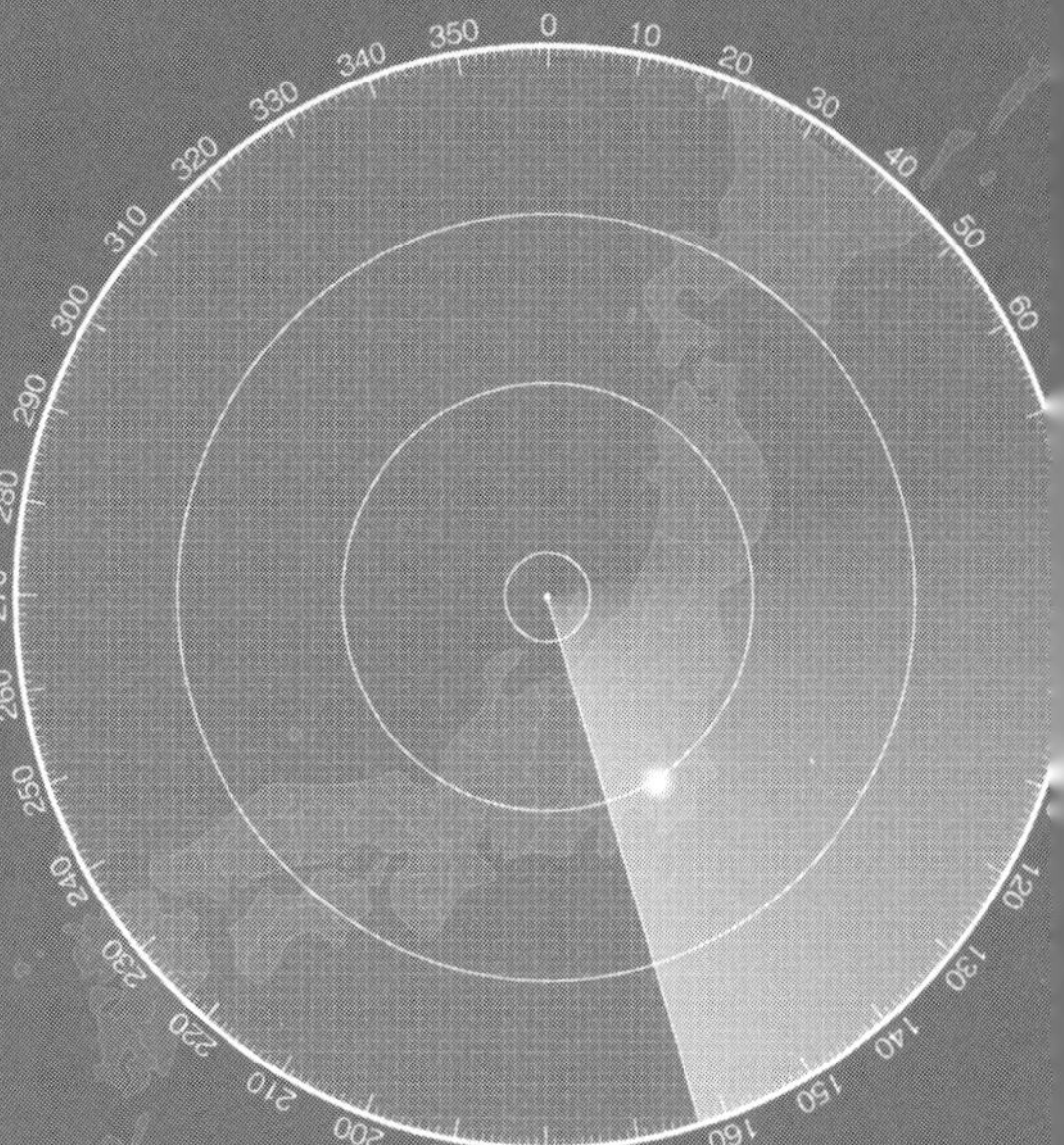

◆波高まる日本の周辺情勢——日本に迫る中国・北朝鮮・ロシアの〝トリプル脅威〟

現下の日本に対する脅威は、図１のように三方向から指向される。Ｅ１は台湾有事に南西諸島から九州に迫る中国の脅威である。Ｅ２は朝鮮半島有事に同半島方向から迫る中国と北朝鮮からの脅威である。Ｅ３はロシアが北海道に向けて侵攻する脅威である。

中国・ロシア・北朝鮮にとって日米は〝敵〟であり、これら三方向からの脅威は緊密に連動するものとなろう。

図１　中国・北朝鮮・ロシアの脅威
（福山私案）

２０２２年2月に始まったロシアのウクライナ侵攻は今も継続しているが、もしもプーチンが勝利し「力による現状変更」が達成されるなら、中国の習近平も「力による現状変更」を志向し台湾侵攻を実行する可能性が高まるだろう。習近平は２０２１年10月9日、辛亥革命１１０周年記念大会の演説で、「台湾統一」を「果たさなくてはならない」と述べた。

中国が台湾に侵攻すればアメリカは直ちに対抗して軍事作戦を行う可能性が高い。そうなればアメリカと日米安保条約を結ぶ日本は自動的に紛争に巻き込まれることになろう。

現状においては、台湾海峡では日ごとに緊張が高まっている。台湾国防部の発表によれば、台湾が設定している防空識別圏に中国軍機が侵入したのは、2019年は10機ほどだったが、2020年には380機ほど、2021年は1000機近くに急増している。

2023年、米中2カ国の訪問を終えた台湾の蔡英文総統は、帰路ロサンゼルスに到着し、共和党のマッカーシー下院議長と超党派の議員団との会談に臨み、双方で連携強化を確認した。中国はこの会談に反発し、報復として、4月8日から10日まで、11発のミサイル発射を含む大規模な軍事演習を台湾周辺で実施した。中国は、気に食わないことがあればすぐに大規模軍事演習を行い、日・米・台を恫喝することが定例的になりつつある。

台湾有事で戦端が開かれれば、中国は台湾を支援するアメリカに対抗するために、その支援基地となる在日アメリカ軍基地を含む日本を攻撃することになろう。その攻撃方向は中国軍による南西諸島方向（E1）のみならず、朝鮮半島方向（E2）からも実施されるであろう。すなわち、E1とE2は必然的に連動しており、攻撃には中国軍のみならず北朝鮮軍も加わるであろう。E1とE2方向からの中朝軍による在日アメリカ軍基地を含む日本に対する攻撃は、ミサイルによる飽和攻撃や航空攻撃が主体となろう。

北朝鮮のミサイル発射は、巡航ミサイルも含め、2023年に入って14回（21発）となる異常なペースである（9月2日現在）。そのなかで、4月13日には、北朝鮮はピョンヤン近郊から弾道ミサイル1発を東方向に発射し、日本の排他的経済水域（EEZ）外の日本海に落下した。

政府はこの事態に、当初、午前8時頃北海道周辺に落下する可能性があるとして、Jアラートを発令し避難を呼びかけたが、その後、落下の可能性がなくなったとして訂正するなど、情報が大きく混乱した。

北朝鮮の日本に対する攻撃として、ミサイル攻撃のほかに、日本に潜在するまるで金正恩のロボットのような忠実なエージェントがテロ・ゲリラを実行する恐れがある。北朝鮮のエージェントによるテロ・ゲリラ攻撃は、原子力発電所や新幹線などに対する攻撃、要人テロ、水道への毒物混入や生物兵器による汚染、電気・通信の断絶など広範に及び、警察力では手に負えず、陸上自衛隊の総力をもってしても手にあまるほどの脅威ではないかと推察される。

中国・北朝鮮によるE1とE2方向からの侵攻が生起すれば、ロシアのプーチンもこのチャンスに乗じて北海道に侵攻する可能性が出てくる（E3）。ロシア国防省は2023年3月28日、ロシア極東に近い日本海でロシア太平洋艦隊のミサイル艦2隻が超音速の巡航ミサイルを発射し、約100㎞離れた目標に命中させたと発表した。また、4月には太平洋艦隊の臨戦態勢の「緊急点検」を実施し、北方領土やサハリン島への「敵の上陸」阻止を想定した軍事演習を実施した。

一連の演習は、中ロへの対決姿勢で結束した先進7カ国（G7）外相会合の日程（4月16〜18日の間、軽井沢で実施）と重なり、議長国・日本へのけん制を狙ったとみられる。また、太平洋艦隊の海軍歩兵旅団がウクライナ侵攻で大損害を被ったと伝えられるなか、プーチン政権が軍の引き締めを図った側面もあるとみられる。

このように、日本を取り巻く情勢は従来にないほど緊張が高まっており、中国・ロシア・北朝鮮の〝トリプル脅威〟は顕在化している。

◆アメリカ単独で中国への対抗は困難、日本を含めた同盟・友好国の防衛力強化を求める

中国の習近平総書記（国家主席）は２０２２年の中国共産党大会での活動報告で、台湾統一を「必ず実現しなければならないし、実現できる」と語っている。これについては、アメリカ政府も情報機関を統括する国家情報長官が２０２３年３月に公表した『2023 ANNUAL THREAT ASSESSMENT OF THE U.S. INTELLIGENCE COMMUNITY』と題する報告書で「中国が台湾有事の際にアメリカの介入を抑止できるだけの軍の態勢を、２０２７年までに整えるという目標に向けて取り組みを進めている」と指摘した。

同様の趣旨の説明はこの報告書刊行の２年前（２０２０年３月）にも、インド太平洋軍司令官（当時）のフィリップ・デービッドソン海軍大将が、議会上院軍事委員会の公聴会で行っている。デービッドソン大将は「中国が野望を加速させるのを懸念する。台湾は野望の一つであり、今後６年以内（２０２７年まで）に脅威が顕在化する」と証言した。この証言は、大きなニュースとなり、台湾有事が近づいているのではないかという懸念が広がった。

ＮＨＫスペシャルの取材班は、退役直後のデービッドソン前司令官に議会証言に関してインタビューを行い、真意を確かめている。

それによると、デービッドソン氏は「（中国共産党の）人民解放軍は、アメリカ情報機関の分析よりも速いペースで兵器を開発している。これに習近平氏の任期をあわせて考えると、この時期（今後6年以内）が特に重要となる」と述べたという。インタビュー当時（2022年）、習主席は、党トップとして2期目の任期が終わりに近づき、異例の3期目（2023〜2027年）を目指してい

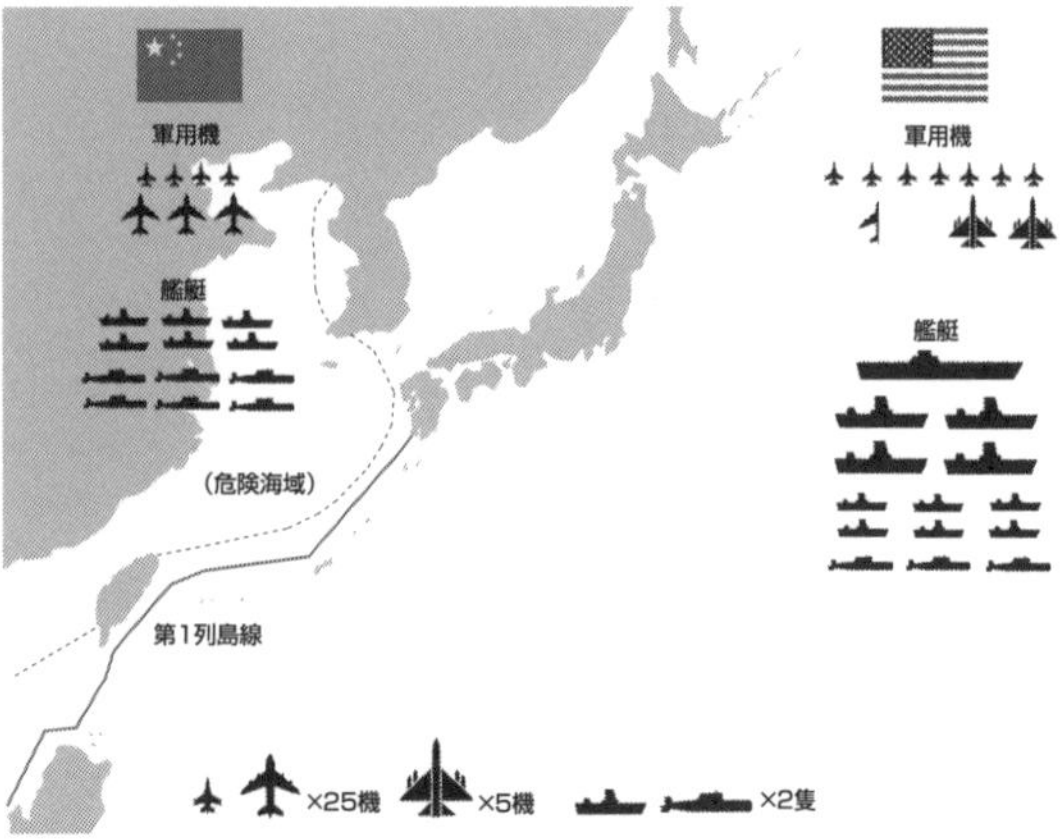

図2　1999年の東アジア周辺の戦力比較
（アメリカインド太平洋軍資料のNHK分析結果より作成）

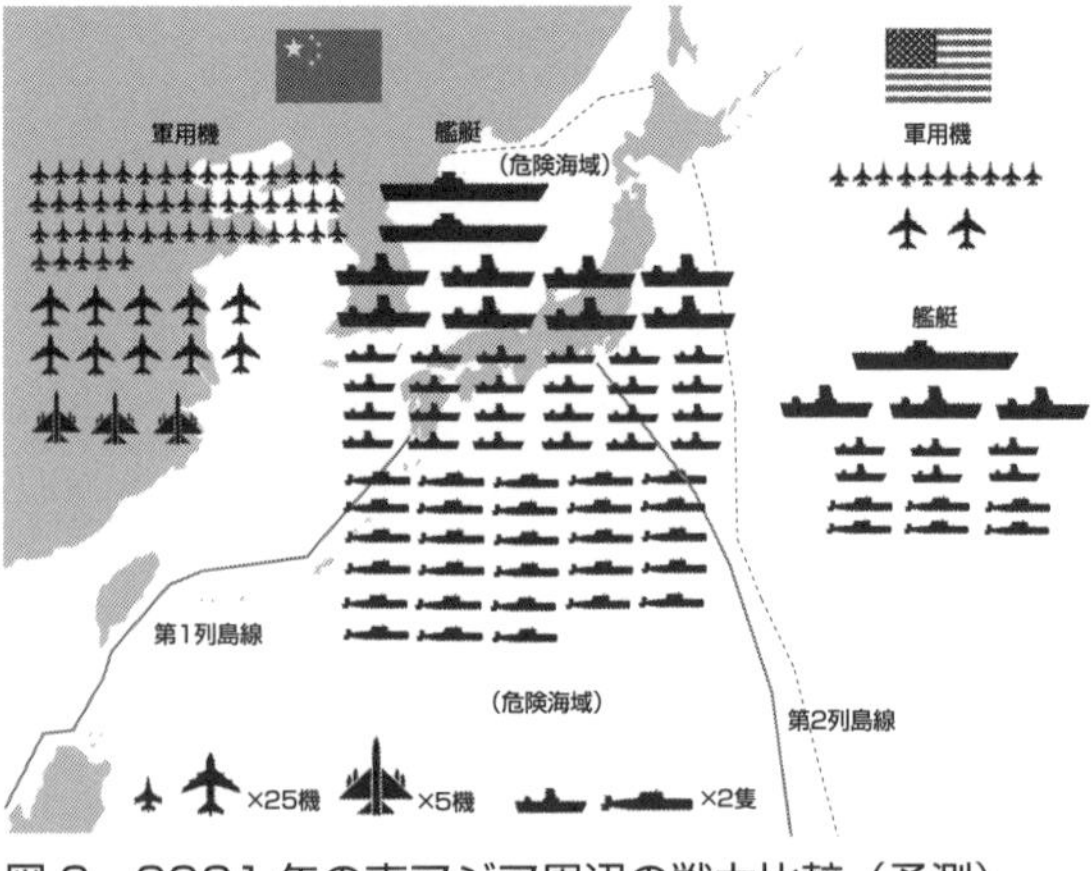

図3　2021年の東アジア周辺の戦力比較（予測）
（アメリカインド太平洋軍資料のNHK分析結果より作成）

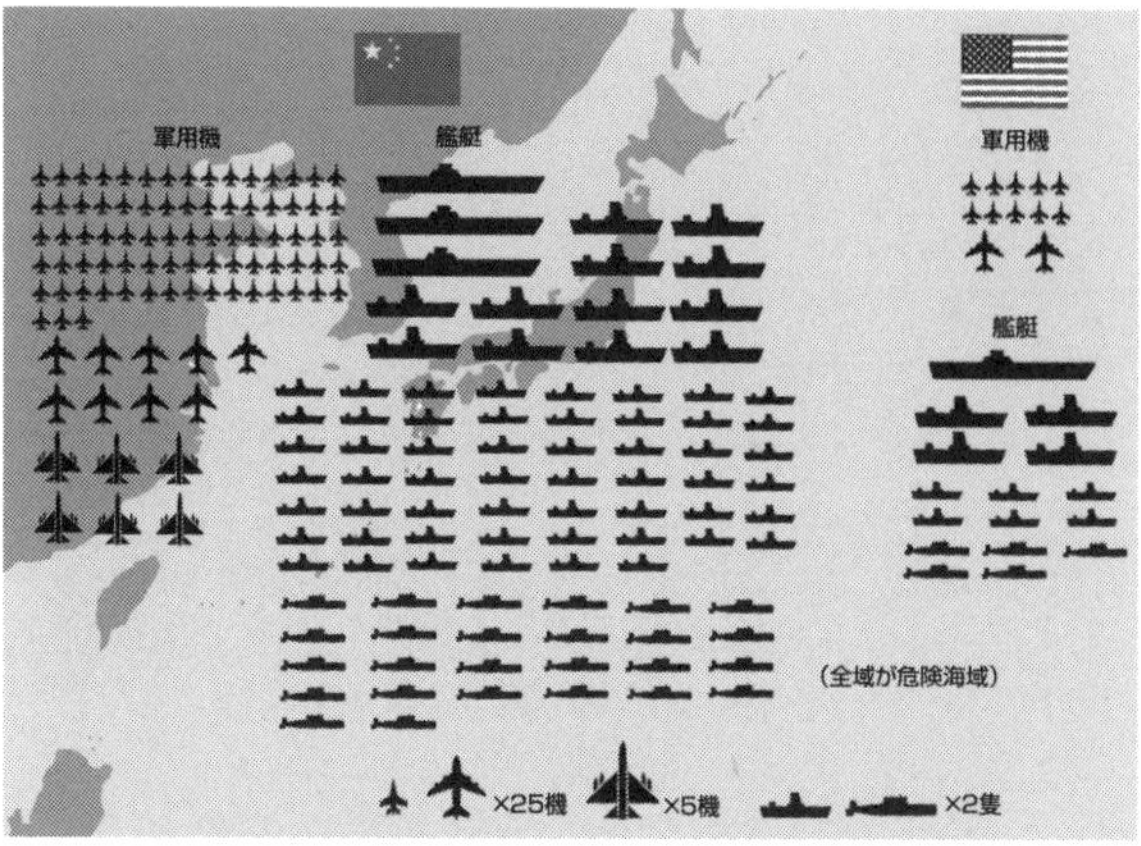

図４　2025 年の東アジア周辺の戦力比較（予測）
（アメリカインド太平洋軍資料の NHK 分析結果より作成）

るとみられていた。

デービッドソン氏は「習主席は、３期目の終わりまでに歴史に残るような『政治的な成果』を望んでおり、その『成果』こそが、『中国共産党にとっての悲願である台湾統一』である」と述べた。

ＮＨＫスペシャルの取材班によれば、デービッドソン氏は、習主席が仮に侵攻の意図を持った場合、アメリカ軍の今の戦力ではそれを抑止できないのではないかという危機感を抱いていたという。

その理由が議会証言で提示した図２～４である。図２～４は、アメリカインド太平洋軍の資料をＮＨＫが分析した数値を基にしたもので、１９９９年、２０２１年、２０２５年における東アジア周辺のアメリカ軍と中国軍の軍用機と艦艇の数量を比較したものである。

デービッドソン氏が議会で証言した時点（２０２０年）では、１９９９年における東アジア周辺の米中の戦力比較は、現実のものであるが、２０２１年と２０２５年の予測の比較は、近未来の「予測」である。

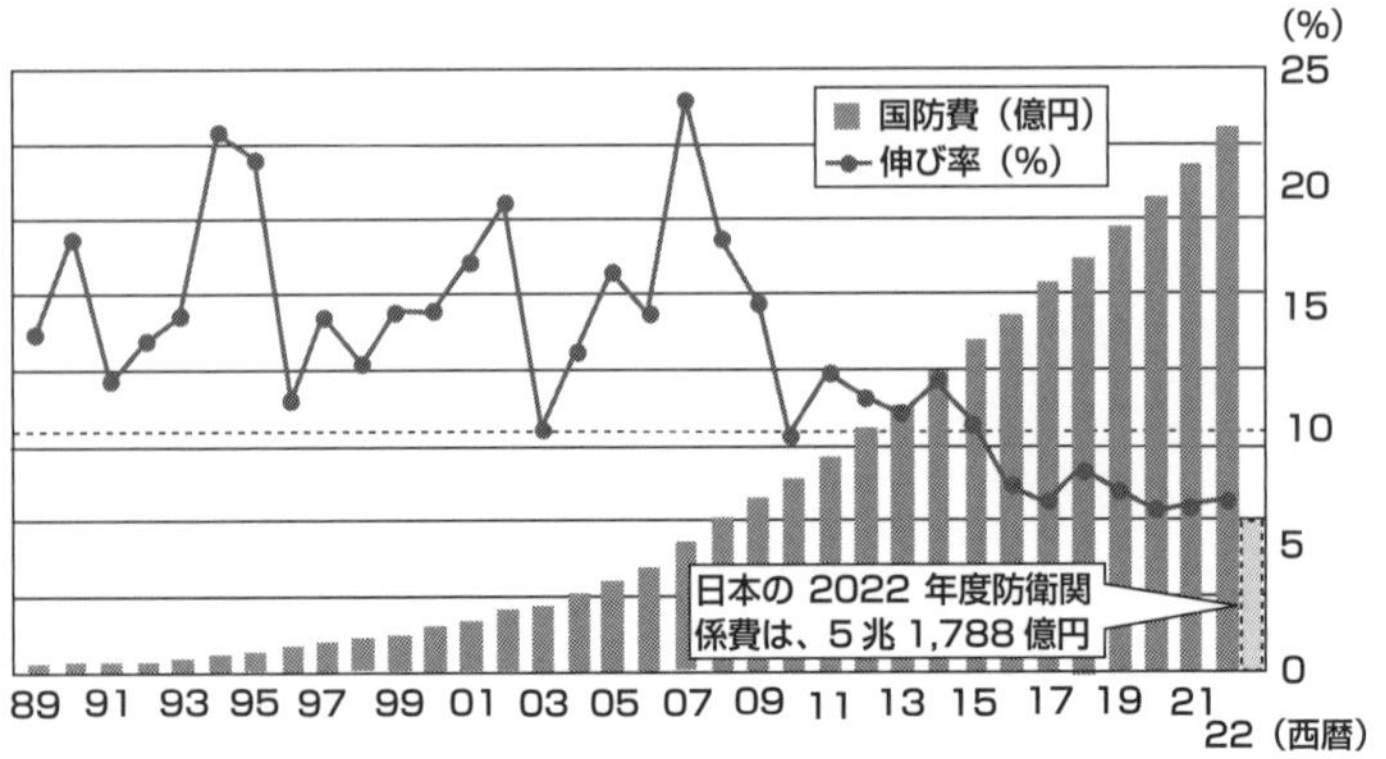

図５　中国の国防予算の推移　（自衛隊キッズサイトの資料より作成）

中国は図5のように、右肩上がりに国防予算を増額している。このトレンドは今後も継続するとみられる。

中国は、このような巨額の予算を投入して、①核戦力の拡大（２０３０年までに核弾頭１０００発）、②海空軍戦力の強化、③各種長射程ミサイル戦力の強化（極超音速ミサイルの開発を含む）、④人工知能とサイバー攻撃能力の強化などを推進している。ミサイル戦力に関しては、核搭載ミサイルより現実に使用される可能性が高い非核弾頭搭載の長射程ミサイルの開発・配備を進めており、アメリカ軍当局が警戒を強めている。

中国は、西太平洋地域で紛争が起こった場合、作戦領域へのアメリカ海軍の空母打撃群（Carrier strike group：ＣＳＧ）——空母を中核とする機動部隊の戦術単位の一つ——などの進出を遅滞させるとともに、同領域での行動の自由を妨害する戦略を採用している。この戦略は、接近阻止・領域拒否（英語：Anti-Access/Area Denial：Ａ２／ＡＤ）と呼ばれる。

このＡ２／ＡＤ戦略の中核となるのが接近阻止用ミサイル戦

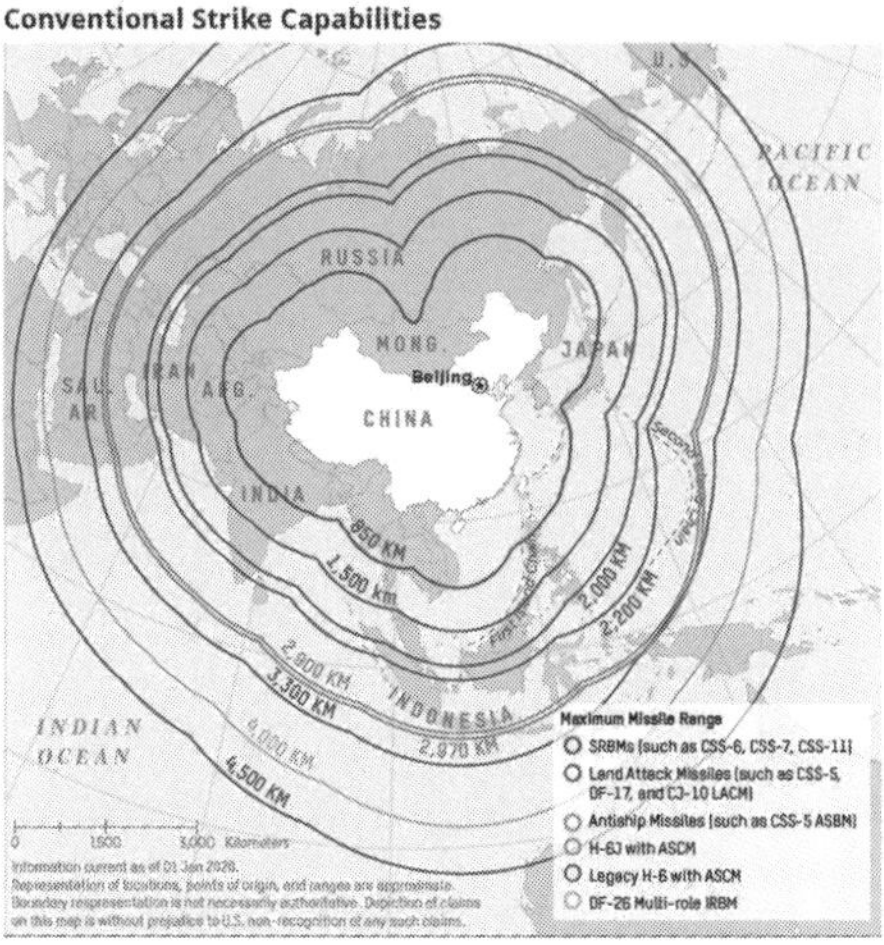

図６　中国軍の代表的な非核弾頭搭載長射程ミサイルの射程圏
（出典：アメリカ国防総省）

力である。

アメリカ国防総省が２０２０年に刊行した『中国の軍事力・安全保障の進展に関する年次報告書２０２０』に、中国軍が配備・運用している代表的な非核弾頭搭載長射程ミサイルの射程圏を図示している。

ミサイルの射程圏は図６の右下の「Maximum Missile Range（ミサイルの最大射程）」と題す注書きで、ミサイルの区分ごとにその最大射程（射程環）を表示している。この注書きの順に説明することとする。

・一番内側の射程環（８５０㎞）はＳＲＢＭｓ（短距離弾道ミサイル（最大射程３００～１０００㎞）で、ＣＳＳ―１、ＣＳＳ―７、ＣＳＳ―11など。

・内側から二番目と三番目の射程環（１５００㎞及び２０００㎞）は、艦対地ミサイル（Land Attack Missiles）で、ＣＳＳ―５、ＤＦ―17、ＣＪ―10ＬＡＣＭ（地上攻撃用長距離巡航ミサイル）など。基本的には対地攻撃用だが、対艦攻撃が可能のものもある。

・内側から五番目の射程環（２９００㎞）は、対艦ミサイル（Antiship Missiles）で、ＣＳＳ―５ＡＳＣＭ（対艦巡航ミサイル）。
・外側から一番目と二番目の射程環（３３００㎞及び４５００㎞）は、海軍の爆撃機Ｈ―６Ｊに搭載したＡＳＣＭ（対艦巡航ミサイル）。
・外側から三番目の射程環（４０００㎞）は、対艦対地攻撃用のＤＦ―26中距離弾道ミサイル（最大射程３０００～５５００㎞）。

アメリカ国防総省の『中国の軍事力２０２０』報告書によれば、中国のミサイル戦力はＩＣＢＭ（大陸間弾道ミサイル、射程５５００㎞以上）が１００基プラス、ＩＲＢＭ（中距離弾道ミサイル、射程３０００～５５００㎞）が２００基プラス、ＭＲＢＭ（準中距離弾道ミサイル、射程１０００～３０００㎞）が１５０基プラス、ＳＲＢＭ（短距離弾道ミサイル射程３００～１０００㎞）が６００基プラス、ＧＬＣＭ（地上発射巡航ミサイル、射程１５００㎞以上）が３００基プラスとなっている。これはすなわち、ＩＣＢＭを除くミサイルの合計基数は１２５０基プラスとなり、これらにより中国は第一列島線の国々（日本、韓国、台湾、フィリピンなど）を射程に収めることができる。

とりわけアメリカ軍が危惧しているのは、アメリカ海軍の空母を直接打撃できる二つの弾道ミサイルである。その一つが、ＣＳＳ―５（中国名ＤＦ21Ｄ）である。射程約２０００㎞で「空母キラー」と呼ばれ、アメリカ空母打撃群の西太平洋からの接近阻止を戦略目標とする中国軍の切り札とされる。もう一つが、ＣＳＳ－13（中国名ＤＦ26Ｂ）である。ＣＳＳ－13は射程４０００㎞で南シナ海だけでなくアメリカ軍の基地があるグアムも射程に入れ「グアムキラー」と呼ばれる。

中国陣営のミサイル基数はこれだけではなく、北朝鮮のミサイル戦力が加算されるのだ。

前項で述べたが、台湾有事には朝鮮半島方向から中国のみならず北朝鮮のミサイルも在日アメリカ軍基地を含む日本に対して指向されるであろう。北朝鮮は７００～１０００発の弾道ミサイルを保有し、うち45％が短距離のスカッド級、45％が準中距離のノドン級、残り10％が中・長距離のものであると推定されている。また、多くのミサイルが移動式発射台（ＴＥＬ）に搭載して運用されるようになっており、北朝鮮はスカッド用のＴＥＬを最大１００両、ノドン用のものを最大50両、ムスダン用のものを最大50両保有しているとみられる。

これに対するアメリカ軍のアジア正面における中短距離ミサイル戦力は中国軍に比べ著しく劣勢である。その理由は旧ソ連と結んだ「ＩＮＦ条約」により中国正面の中短距離ミサイル戦力も廃棄したからである。

ところが、２０１９年になって、アメリカは「ＩＮＦ条約」の破棄をロシア側に通告し、同条約は8月に失効した。アメリカは、条約により禁じられていた地上発射型巡航ミサイルや中距離弾道ミサイルの開発を急いでいるが、東アジアにおける中短距離ミサイル戦力の対中劣勢を挽回するにはなお時間がかかるだろう。

このように、東アジアにおける中短距離ミサイル戦力が中国に対して劣勢であり、第一列島線上にある国々ならびにその周辺海域は中国の圧倒的に優勢なミサイル戦力の射程圏内に収められている。

今後、中国のミサイルの脅威が質量ともに増せば、アメリカ軍のコミットメントが期待できなくなる可能性が高く、以下のような問題が生じる。

第一に、日米安保条約を結ぶ日本をはじめ、アメリカの軍事支援に大きく依存する第一列島線の上にある国々は、中国の軍事侵攻などが生起しても、アメリカ軍の来援を期待しづらくなる。在日アメリカ軍は、中国の脅威が高まれば日本からグアムやハワイに退避する可能性が高い。しかも、これらの退避した部隊が再び日本に戻る保証はない。こうなれば、日米安保条約や米韓相互防衛条約などの信頼性は低下せざるを得ない。

これが中国の狙い目だろう。『孫子』は、戦争では、国や軍隊を消耗させずに勝つのが上策であり、勝利を目指すあまり、多くの犠牲を強いるのは下策だと教えている。中国はA2／AD戦略に基づき、まさに孫子の教え通り、アメリカとその同盟国などに対して「戦わずして勝つ」ことを目指しているのだ。

第二は、台湾有事を含む米中の戦いは第一列島線の上にある国々が主戦場となる可能性が高いことだ。それは、ウクライナ戦争（代理戦争・制限戦争）をみればわかりやすい。これら第一列島線上の国々が米中戦争に巻き込まれれば、中国のミサイル攻撃により、ウクライナ同様におびただしい人命が失われ、国土は焦土と化す。

ウクライナはヨーロッパと地続きであるから、婦女子や老人の避難や物資の補給は陸路で可能だ。だが、第一列島線上の国々は中国が制海権を握れば、海外への避難どころか、石油や食料などの戦略物資が完全に阻止され、大東亜戦争末期のように国民生活が立ちいかなくなるのは明白だ。

前項で述べたように、アメリカは、中国の脅威が軍事的・経済的に高まり、単独で対抗するのは困難となりつつあり、日本をはじめとする同盟国・友好国に防衛力強化を求めている。トランプ前大統領は「アメリカ軍に守ってほしければカネを払え、払えないなら防衛協力から手を引く」と脅迫的な言葉で同盟国に防衛費の大幅増額を迫った。

トランプ前大統領はお得意のツイッター（現在はX）で、ドイツを含む同盟国への非難を繰り返し「ドイツがロシアのガスとエネルギーに何十億ドルも払っているようでは、ＮＡＴＯは何の役に立っているのか？　どうして29カ国中５カ国しか対ＧＤＰ比２％にするという防衛支出目標の約束を守っていないのか？　アメリカは欧州の防衛のために金を払って、貿易で何十億ドルも失っている。２０２５年までではなく、今すぐにＧＤＰの２％を払うんだ」と、非難・要求をした。

バイデン政権では、同盟国に対する防衛力強化要求の戦略理論として「統合抑止力」を標榜している。「統合抑止力」とは、バイデン政権のオースティン国防長官が新たに提唱する安全保障の基本戦略で、軍事面に加え、経済制裁や外交圧力も含めてアメリカが同盟国などと一丸となり、国際秩序を脅かす国に対して抑止力を働かせるという概念だ。「統合抑止力」は、同政権の国家防衛戦略（ＮＤＳ）に盛り込まれた。

「統合抑止力」は「核の傘」に代表される、同盟国への攻撃に対してあらかじめ報復を宣言することで、攻撃を思いとどまらせる「拡大抑止力」よりも広範な考え方といえる。バイデン政権は安全保障と経済政策の指針となるインド太平洋戦略で、中国抑止を最重要と位置づけ「統合抑止力」が基礎になると強調した。

バイデン政権は2021年9月にイギリス、オーストラリアと「AUKUS（オーカス）」を創設し、日豪印との「Quad（クアッド）」でも首脳会議を開催して連携を深めている。

◆政府は防衛三文書の改定を行い、防衛力の強化を行おうとしている

台湾海峡や南シナ海、朝鮮半島などの軍事的な緊張が高まるなか、日本も防衛力の強化が求められている。日本は、中国の「力による現状変更」を抑止するために、同盟国であるアメリカとの連携を強化するために、アメリカの意向に最大限に沿うよう努力している。岸田総理は、2022年5月、日本を訪れたバイデン大統領と日米首脳会談を行い、覇権主義的行動を強める中国などを念頭に、アメリカの核戦力などで日本を守る「拡大抑止」をはじめとする日米同盟の抑止力と対処力を早急に強化する方針を確認した。

岸田政権は、2022年12月、臨時閣議で「国家安全保障戦略」など三つの文書を決定した。敵の弾道ミサイル攻撃に対処するため、発射基地などをたたく「反撃能力」の保有や防衛費の大幅増

額などが明記され、日本の安全保障政策の大きな転換がなされた。

今後の防衛費増額の目安として二つの数字が明記されている。一つは「国家安全保障戦略」で、2027年度に防衛費と関連する経費をあわせて達成する予算措置が「GDPの2％」と明記された。もう一つが「防衛力整備計画」で、2023年度から5年間の防衛力整備の水準は「43兆円程度」と明記された。

◆日本は〝トリプル脅威〟を戦後レジーム克服のために利用するしたたかさを持つべき

我が国は、戦後、3四半世紀以上も、アメリカが〝下賜した〟憲法9条を墨守して、安全保障の大部分をアメリカに委ね自主防衛努力を怠ってきた。そんな〝国防不全状態〟の日本が、中国・ロシア・北朝鮮の〝トリプル脅威〟という開闢以来未曾有の危機を迎えている。

歴史を振り返れば、日本の国家体制が激変したのは「外圧」によるものだった。第一回目の「外圧」はペリーの黒船来航であった。これが契機となり、江戸幕藩体制が打倒され、天皇を頂点とした中央集権統一国家・明治政府が誕生し、封建社会から資本主義社会へ移行した近代化改革＝明治維新が断行された。

第二回目の「外圧」は大東亜戦争敗戦に伴うマッカーサーのGHQによる占領政策の執行であった。これにより、日本は明治以来の国家体制が覆った。陸海軍と対外情報機関を廃止・解体され、それに代わり、新憲法（9条）と日米安保条約により国家の安全をアメリカに依存する体制＝「アメリカのポチ」状態に貶められた。

戦後3四半世紀あまり、日本を取り巻く情勢は変化したが、我が国は、まるで「茹でガエル」のように、国家の安全保障の不全を是正するきっかけをつかめずズルズルと今日に至っている。国家存亡の危機意識が鈍感になり「自分の国は自分で守る」という意識が希薄になってしまった。

ウクライナ戦争が続くなか、第三回目の「外圧」が中国・ロシア・北朝鮮による〝トリプル脅威〟であろう。私たちは、この危機に臨み、悲観的・受動的に対処することを戒めなければならない。日本は、中国・ロシア・北朝鮮の〝トリプル脅威〟をむしろ奇貨として、敗戦以来の「アメリカに国防を依存する体制」から脱却し「自らの国は自ら守る」という強い意志と体制に向け、日本を「回天」――衰えた勢いを盛り返す――するというしたたかなマインドを持つべきだ。日本には「回天」を成し遂げる潜在力がある。過去二度の「回天」はペリーの来航と大東亜戦争敗戦という大きな危機に見舞われたことを奇禍にしたものだった。

◆防衛力の強化は多岐にわたり、その完成には時間と金がかかる

前述の通り、岸田政権は、2022年12月、臨時閣議で「国家安全保障戦略」など三つの文書を決定した。敵の弾道ミサイル攻撃に対処するため、発射基地などをたたく「反撃能力」の保有や防

衛費の大幅増額などが明記され、日本の安全保障政策の大きな転換がなされた。

この政府決定は、我が国の防衛力の強化の「はじまり」に過ぎない。日本が一定程度自主防衛をできるレベルになるためにはやるべきことが山積している。我が国の防衛力の強化は、防衛予算の増額や「反撃能力」の保有のほかに、①憲法をはじめとする法制面の強化、②武器装備の近代化と数量の確保、③自衛隊が最小限半年間や1年間戦える量の弾薬・石油など兵站面の強化、④予備役戦力の拡充、⑤インテリジェンス（諜報・防諜）体制・能力の強化など多岐にわたり、その完成には時間と金がかかる。

◆敵を知り己を知らば百戦危うからず

前項でも述べたが、我が国の防衛力の強化は多岐にわたる。その一つ一つはどれも大事ではあるが、なかでもインテリジェンス（諜報・防諜）体制・能力の強化は重要である。孫子も「敵を知り己を知らば百戦危うからず」と述べている。

また、情報の重要性について、孫子は第13章「用間篇」で次のように述べている。

《孫子が言った。十万の軍を率いて、千里の道を遠征することになれば、人民の金銭・労役などの負担、国家の財政支出は莫大なものとなり、国内外は騒然となり、道路にまで軍役に引っ張り出された人民は疲れきり、農作業に従事出来ない者が七十万家にもなる。数年もの間苦しい状態を継続するのはたった一日の勝敗を争う為である。

　そんな努力をしても、情報獲得のために位階や報酬を出し惜しんで、敵の情報を知ろうとしない指導者や指揮官は、不仁の最たるものである。そんなことでは人民の為の将軍ではなく、君主の補佐役でもなく、勝利に導く指導者でもない。

　そんな訳で、聡明な君主や賢明な将軍が、戦さをすれば勝ち、圧倒的に成功を収めるのは、予め敵情を探る努力をしているからだ。戦争をはじめる前に敵情を知ることができるのは、鬼神のお告げではなく、天道の占いでもなく、暦でもなく、必ず人間の情報活動・努力によって得られるのである》

　この孫子の訓えは「而るに爵禄・百金を愛《おし》んで敵の情を知らざる者は、不仁の至りなり」という部分が「名言」として人口に膾炙《かいしゃ》されている。孫子の訓えの通り、現在の日本においてもインテリジェンス（諜報・防諜）体制・能力の強化は喫緊の課題である。

　後に詳述するが、戦後の日本のインテリジェンス体制は国際スタンダードからはほど遠いレベルにある。また、日本人は情報軽視・音痴の性向があり、防衛力を強化するうえでは最優先事項としてインテリジェンスの強化に取り組む必要がある。

◆米英から日本に対するエシュロン加盟を促す動き――日本インテリジェンス再興の好機

前述の通り、アメリカは日本に対し防衛予算の増額・防衛力の強化を強く求めているが、米英は日本のインテリジェンスの強化も求めている。

２０２０年7月、英国のトゥゲンハート外交委員長がツイッター（現在はX）で日本のファイブアイズを慫慂《しょうよう》する投稿を行った。8月には、ブレア元首相も産経新聞の電話によるインタビューで、中国・習近平政権の権威主義化に強い危機感を示し、自由主義諸国が連携して中国の脅威に対抗する必要があるとし「ファイブアイズへの日本の加盟を検討すべきだ」と述べた。

ファイブアイズとはＵＫＵＳＡ協定に基づくアメリカ、イギリス、カナダ、オーストラリア、ニュージーランドの5カ国（英語を母国語とするアングロサクソン系の国々）による機密情報（シギント〈通信、電磁波、信号などの傍受〉が主体）を共有する枠組みの呼称である。

これら5カ国は、それぞれシギントを収集・分析するための情報機関を持ち、ファイブアイズに加盟できる態勢を持っている。アメリカの国家安全保障局（ＮＳＡ）、イギリスの政府通信本部（ＧＣＨＱ）、カナダの通信安全保障局（ＣＳＥ）、オーストラリアの信号総局（ＡＳＤ）、ニュージーランドの政府通信保安局（ＧＣＳＢ）がそれに当たる。

日本にも、シギントを収集・分析する組織として、防衛省情報本部の電波部がある。電波部の前身は、旧陸軍中央特種情報部（特情部）出身の自衛官を中心に設置された陸上幕僚監部第2部別室

（通称：二別）、次いで二別を改編して発足（１９７８年）した陸上幕僚監部調査部調査第2課別室（通称：調別）である。二別から今日の情報本部電波部まで、この部門は防衛庁・省の組織ではあるものの、警察庁の事実上の出先機関である内閣情報調査室に直結している。二別、調別長は防衛庁（当時）より先に警察庁に情報を上げて、警察庁が警察の独自情報として官邸に傍受情報を報告していたといわれる。情報本部が創設されてからも電波部長には代々警察官僚（府県警察本部長経験者）が出向・就任している。

筆者は、情報本部創設時（１９９７年1月）の初代画像部長（衛星画像情報）に就任した。同じ情報部に属する電波部の業務の詳細は知る立場にはないものの、本能的にその大枠については推察できたつもりだ。

電波部は、東千歳通信所、小舟渡通信所、大井通信所、入間通信支所、美保通信所、太刀洗通信所、喜界島通信所（通信傍受システム）を有し、冷戦時代はソ連を、現在は中国を主なターゲット（狭いエリアではあるが米中覇権争いのなかでは今や最重要スポット）に情報収集を行っているものと思われる。

収集したデータは、おそらく、アメリカのＮＳＡ（巨大なシギントのデータベースと分析のノウハウを保有？）に送られ、分析・処理され、その「お駄賃」として一定の情報（アメリカの国益に都合のよい情報？）を頂戴する取り決めになっているものと思われる。その実力のほどは、大韓航空機撃墜事件（１９８３年）の際には、調別がソ連戦闘機からの「ミサイル発射」の音声を記録したことで知られている。

アメリカとはすでにこのような協力関係が培われた経緯があるなかで、筆者には「今更日本をファイブアイズに加盟させるというイギリスの魂胆は何なのか？」という素朴な疑問が湧く。

いずれにせよ、敗戦で対外情報機関を廃止・解体された日本にとって、米英による「ファイブアイズ加盟の勧め」は、インテリジェンスを再興するうえでは「渡りに船」というべきものであろう。

日本がファイブアイズ――いわばインテリジェンス同盟――に加盟するためには、避けられない「壁」がある。その「壁」とは、米英などの立場としては、日本をファイブアイズに加盟させるための条件として「日本に提供する機密情報が中国に漏洩しないという確証（法整備などの防諜システムの整備）」が必要なのだ。

そのための手立てとして、第一に、日本にセキュリティ・クリアランスというシステムを導入させる必要がある。セキュリティ・クリアランスとは、機密情報にアクセスできる職員に対して、その適格性を確認する制度、つまり機密情報に触れることができる資格のことだ。トップシークレットのクリアランス（機密情報取扱許可）を得るには「スパイの疑いがまったくない」ことが条件だ。その条件を満たすためには、生い立ちや家族・親類・友人・異性関係から渡航歴（中国など「敵性国家」との接点が疑われないか）などに至るまで、微に入り細を穿つ徹底した身辺調査を行い、嘘発見器による検査などもクリアする必要がある。アメリカをはじめ、諸外国では国家の機密に携わるという特権ある地位に就く者にはプライバシーはないという前提で、徹底した個人調査が行われている。

第二は、厳格なスパイ防止法の制定である。日本には、ファイブアイズ加盟各国が備えているレベルのスパイ防止法——スパイを徹底監視・摘発し、厳しい罰則（極刑を含む）を与える体制——がない。それもそのはず、日本は「スパイ天国」と揶揄されるレベルなのだ。

憲法9条下で「平和ボケ」した日本人が、米英などが求める条件を整備することは簡単ではなかろう。いまだコミンテルン（現在はその後継者たる中国）の亡霊の影響下にある立憲民主党や日本共産党、加えて朝日新聞や毎日新聞などの左翼メディアなどが強烈かつ執拗に阻止活動を繰り広げることだろう。

第2章　日本は大東亜戦争直前まで インテリジェンス体制は不十分だった

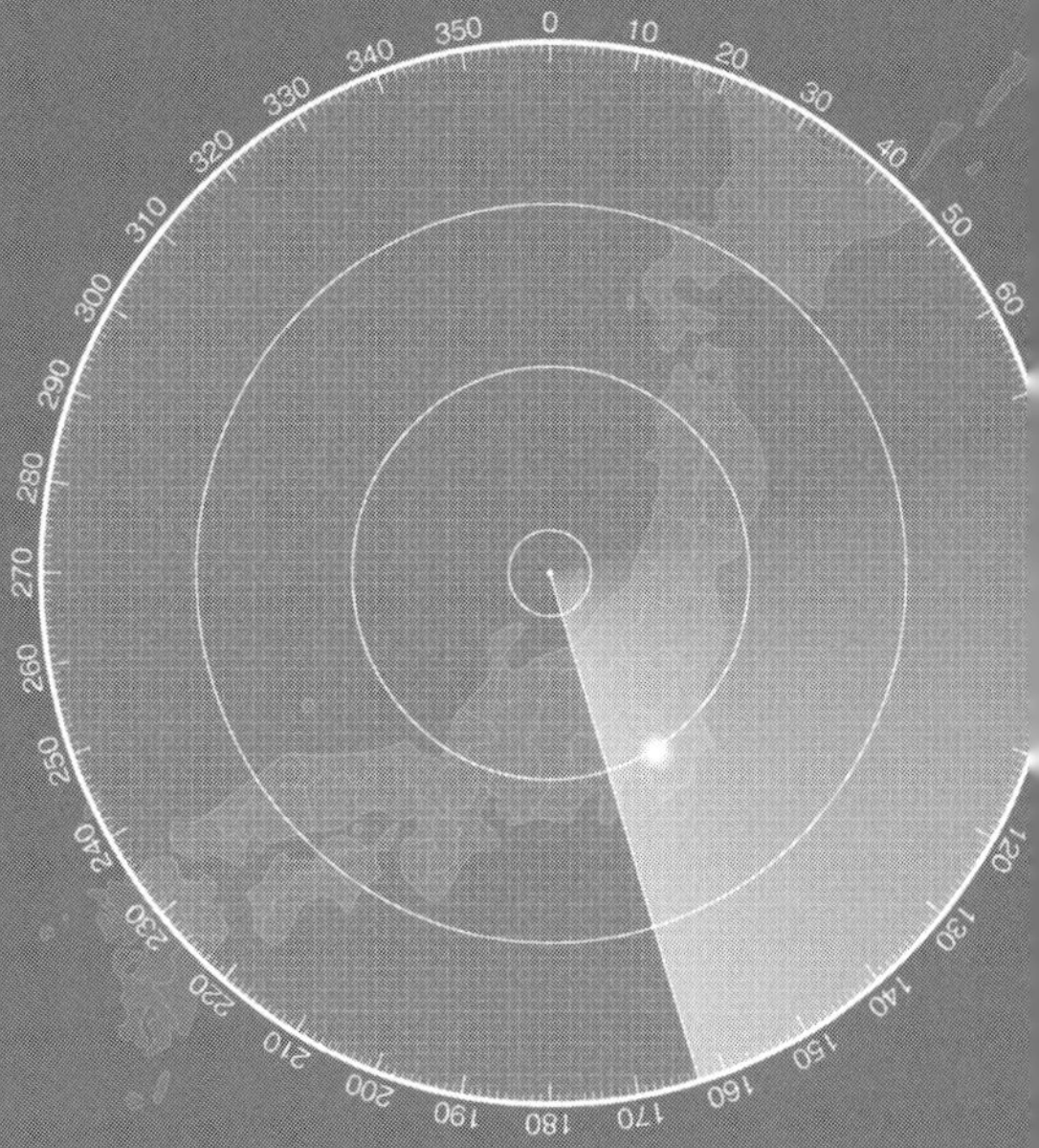

◆筆者は偶然にGHQが焚書に指定した『スパイ戦術秘録』の解説を実施

筆者は偶然にダイレクト出版「GHQ焚書アーカイブス」の企画（オンライン講座）で、GHQが焚書に指定した『スパイ戦術秘録』（宝来正芳憲兵中尉著、1936年版）についてビデオで解説した。

この著書には、旧陸軍が戦争開始の直前まで諜報・防諜体制が不十分であったことが書かれている。旧軍のインテリジェンスは万全だったと思っていた筆者にとっては驚きであった。

◆焚書とは——その起源

秦の始皇帝は、自分の政策に反抗する勢力である儒者（儒教思想の持主）を弾圧する目的で、その経典となる四書五経などを燃やし（焚書）、儒者を坑（穴）に生き埋め（坑儒）にした。『史記』の秦始皇本紀によれば、紀元前213年、博士淳于越は始皇帝が唱える郡県制に反対し、いにしえの封建制を主張した。丞相の李斯は、儒者たちがいにしえによって体制を批判していると指摘し、反対勢力の弾圧を建議した。

始皇帝はこの建議を容れて、医薬・卜筮・農事以外の書物の所有を禁じ、民間人が所持していた書経・詩経・諸子百家の書物は、ことごとく焼き払われた（焚書）。

翌212年、盧生や侯生といった方士（神仙の術を修得した者）や儒者が、始皇帝は独裁者で刑罰を濫発していると非難して逃亡したため、首都・咸陽の方士や儒者460人あまりが生き埋めにされ、虐殺された（坑儒）。

◆GHQによる焚書とその理由

大東亜戦争に勝利し日本占領政策を遂行した連合国軍最高司令官総司令部（GHQ）の連合国軍最高司令官（SCAP）のダグラス・マッカーサー元帥は、新憲法の下賜（9条という頸木）、天皇制の棄損、軍と情報機関（特務機関を含む）の解体、財閥解体、教育制度の棄損、民主化、自由化改革など、日本が再びアメリカの脅威にならないように徹底的に弱体化を図った。

その一環としてGHQは、こともあろうに禁書（事実上の焚書）を指定した。GHQからは1946年から1948年にかけて48回にわたり、7700種類以上の書籍がその対象として通達され、没収対象となった。

興味深いことに、焚書に指定された書籍の出版時期は、東京裁判で裁かれた対象期間と完全に一致しており、いずれも1928年1月1日（パリ不戦条約）から1945年9月2日（降伏文書調印）までのものとなっている。

焚書対象書籍の調査・発見に協力したのは、岡田温、尾高邦雄、大田遼一郎、亀島泰治、金子武蔵、堀豊彦の6人の専門家による小委員会であった。彼らは当代の錚々たる学者で、焚書対象書籍の調査・発見に協力した功により栄達した人が多かった。

また、GHQの焚書政策には日本政府側が組織的に協力したことがわかっている。文部省社会教育局文化課、各都道府県知事、各都道府県教育委員会管下の職員が一連の実務に関与した。今振り返ると、悲しくも、悔しい現実である。

占領史研究會主宰の澤龍氏は、1999年から私的に焚書蒐集を続け、2005年には『GHQに没収された本　総目録』を上梓している。

◆大東亜戦争直前まで旧陸軍の諜報・防諜体制は不十分だった

『スパイ戦術秘録』が出版された時代背景は図7の通りであり、現在、中国の脅威が高まっている状況と同様に、きわめて厳しいものであった。1933年の満州国建設、同年の国際連盟脱退とヒトラー政権の誕生、1936年のスペイン内戦など、1941年の大東亜戦争開始に向けて日本の行く手に暗雲が広がりつつあった。

そのような情勢のなか、インテリジェンス（諜報・防諜）体制は不十分で、その状況は、現在ときわめてよく似ていた。同書を読んでわかったことだが、インテリジェンス体制は欧米・ソ連に比べて、不十分であり、戦争を実施するうえでは致命的であった。このことは、筆者にとっては意外

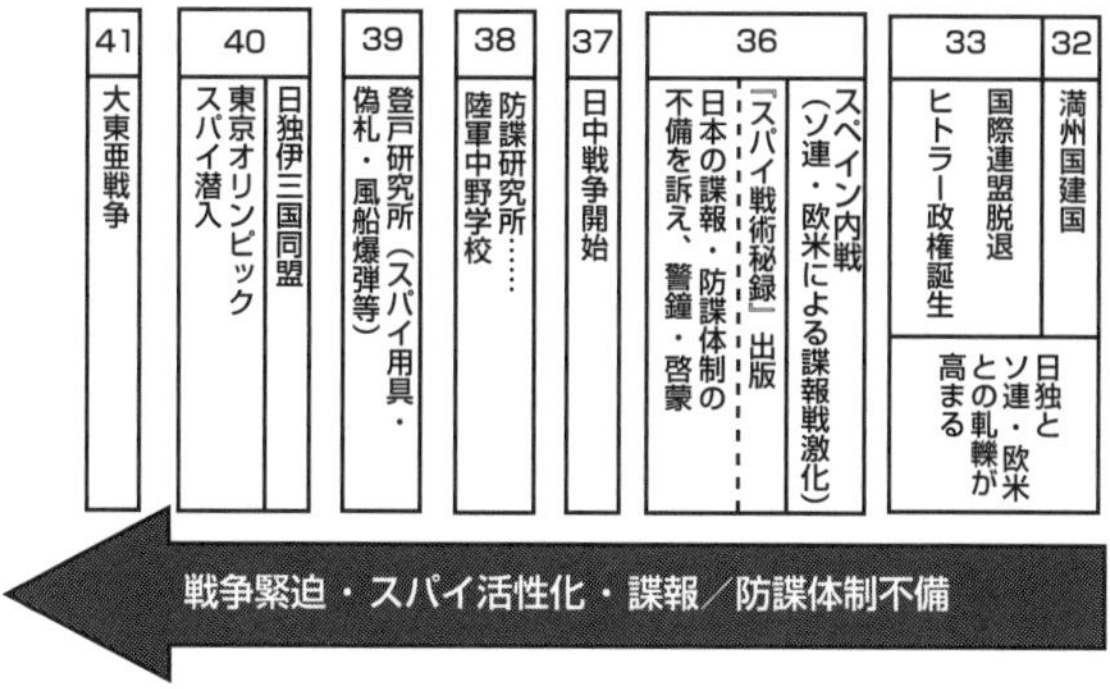

図７　『スパイ戦術秘録』が出版された時代背景
（福山私案）

であった。

察するに、宝来憲兵中尉は、陸軍当局の意を受けて本書を執筆したのだろう。当局は、日本に対する欧米・ソ連などの諜報（スパイ）活動が活発化するなか、それを取り締まる防諜（スパイ対処）体制が不十分であることを痛感し、本書により国民に啓蒙・警告を行い、必要な法改正や予算措置をしようとしていたものと推察される。

宝来憲兵中尉が本書を執筆した理由について考えてみた。第一の理由は、中尉は文才があったのだろう。それゆえ「任務」として、本書執筆を命ぜられたのであろう。

第二の理由は、宝来中尉が憲兵隊に所属していたからだろう。当時の憲兵隊には、日本に対する欧米・ソ連からの数多くのスパイ事件を捜査・処理する過程で、スパイのノウハウや、日本・日本人が注意すべき教訓など、すなわち本書に盛り込まれるべき資料がふんだんにあった。本書の巻末には「世界各国軍機保護法規集」が加えられているが、これを収集するのは宝来憲兵中尉一個人の手に負えるものではなく、憲兵司令部が深くかかわっていたのだろう。

筆者は、本書が世に出た意図・目的を以下のように考える。当時の日本を取り巻く安全保障環境は風雲急を告げる状況にあり、日本国内においては、欧米・ソ連の対日スパイ活動が活発化し、課報・防諜の強化が喫緊の課題として浮上していた。陸軍の憲兵が本書を上梓する意図は「国民の課報・防諜に対する啓蒙」と「国家（国策）として課報・防諜の強化を促進すること」であったに違いない。

結果論からいえば、本書出版の2年後には陸軍中野学校の前身の「防諜研究所」が誕生した。

◆『スパイ戦術秘録』の今日的な意義・教訓

大東亜戦争の開戦が迫るなか、日本の課報・防諜体制はまさに「目のない鷹、耳のないウサギは生き残れない」という状態であった。結果からいえば、日本は「大東亜戦争に踏み切るか否か」という国家の命運がかかる戦略的判断を誤ってしまった。その理由は、アメリカの国力の評価や対日政策、ヒトラーのバルバロッサ作戦（ソ連への侵攻作戦）の展望などに関する情報収集・分析能力が不十分で、その判断を誤ったからだ。結果として、日本は、無謀で勝ち目のない対米・英戦争を開始し、敗戦した。

『スパイ戦術秘録』がいかほどの功を奏したのかは定かではないが、同書発行の2年後には前述の通り陸軍中野学校の前身である「防課研究所」が新設され、特種（課報・防課）勤務要員（第一期学生19名）の教育が開始された。

ただ、同校卒業生は大東亜戦争開始後の南方作戦などで戦闘現場においては「作戦情報の収集」や「各種工作・謀略」の面では華々し成果を収めたものの、外交や国家戦略を判断する際に必要な「戦略情報の収集・分析」任務を果たすうえでは間に合わなかった。

これまで述べた通り、我が国のインテリジェンス（諜報・防諜）体制・能力は、国際的なスタンダードからみれば著しく遅れている。そのような我が国が、目前に迫る危機――台湾有事など――に備えるためには、遅まきながらもインテリジェンス体制・能力の強化を急ぐべきだろう。

我が国を取り巻く安全保障環境と、現在の国際スタンダードから著しく遅れているインテリジェンス体制は、『スパイ戦術秘録』が書かれた大東亜戦争前夜に酷似している。本書が『スパイ戦術秘録』と同様に「国民の諜報・防諜に対する啓蒙」と「国家（国策）として諜報・防諜の強化を促進すること」にいささかでもお役に立てばと願うばかりである。

第3章　敗戦直後の日独のインテリジェンス体制再興の違い

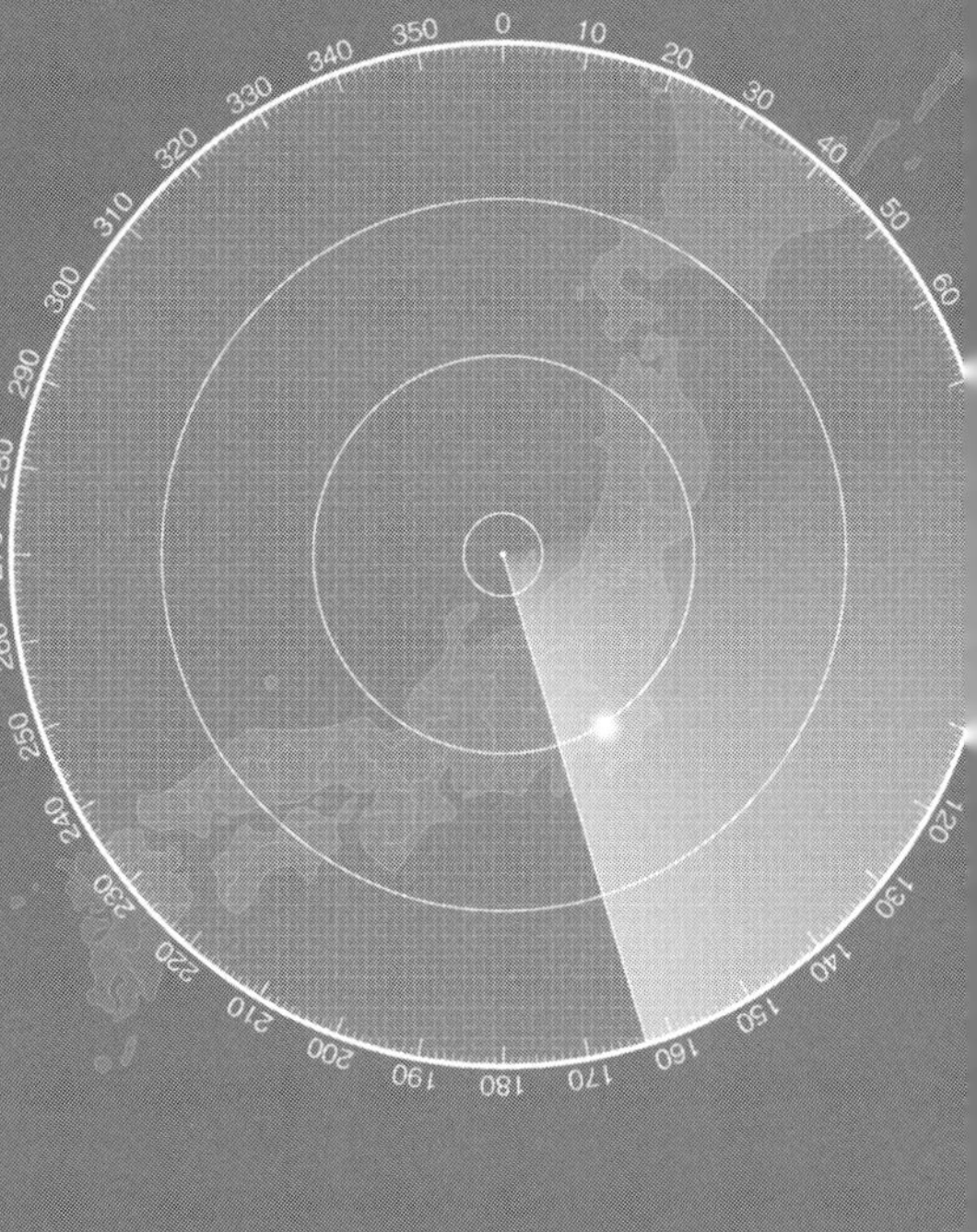

◆ゲーレンによる西ドイツのインテリジェンス体制再興

ドイツ国防軍は、卓越した見識を持つ一人の陸軍大佐――ラインハルト・ゲーレン――が、戦後の展開を予測して、独断で、意図的・隠密に膨大な量のソ連軍関連情報を隠匿した。ゲーレンはこれを取引材料として、アメリカにドイツ国防軍の諜報要員（ナチスに絡む戦争犯罪者を含む）の免責を認めさせ、国防軍の情報機関を私的情報機関――ゲーレン機関――に姿を変えて温存し、その後国際情報機関を再興することに成功した。ゲーレンの対米取引は、敗戦国ドイツが戦勝国アメリカに仕掛けた一種の工作（謀略）である。以下、これについて話そう。

第二次世界大戦中に対ソ連諜報を担当するドイツ陸軍参謀本部東方外国軍課の課長だったゲーレンは、情報分析の結果、戦局が最終局面にあると結論づけ、そのことをヒトラーに報告したが、独裁者の逆鱗に触れて解任された。

ゲーレンは「祖国に最善を尽くすこと」を基本方針として「将来（戦後）のドイツ政府が、いつの日か、われわれの当時のスタッフ（諜報要員など）を中核的なエキスパートとして情報組織を再建するその日のために、努力する」ことを決意した。

そのための取引材料として、東方外国軍課で取集した膨大なソ連軍事情報（飛行場、発電所、軍需工場、精油所などをマイクロフィルム化したものを含む）を二つに分け、防水ケース50個に詰め込み、バイエルンの森のなかに別々に土のなかに埋めた。

ゲーレンは、ドイツが降伏した2週間後に、部下とともに、ソ連軍占領地を避け、アメリカ軍の占領地域で投降し、身柄の保護を求めた。

ゲーレン配下のドイツ軍の諜報員は、戦時中に強制収容所の赤軍捕虜に対して、ドイツ側に協力的でない者への食料配給の停止や尋問の際に拷問を行うなど、残忍な仕打ちが問題視されていたにもかかわらず、アメリカへの密入国に成功した。このアメリカ政府の判断には、ＣＩＡの前身であるＯＳＳ（戦略情報局）の創設者のウィリアム・ドノバンや後にＣＩＡ第五代長官に就任するアレン・ダレスなどの思惑――ゲーレン以下ドイツ課報員と収集した情報の活用――があったといわれる。

米ソ冷戦の兆しをいち早く予見した抜け目のないゲーレンは、対ソ課報網とソ連情報を渇望するアメリカと取引して、ナチスドイツ軍の情報資産を提供する見返りとして、ナチス党政権下のドイツ軍課報機関（アプヴェーア）のほか、国家保安本部（ドイツ本国及びドイツ占領地の敵性分子を課報・摘発・排除する政治警察機構の司令塔で、大量虐殺（ジェノサイド）などのナチス戦争犯罪の指令はこの国家保安本部から出された）などの課報要員の戦争犯罪容疑を免責させ、ドイツが分断された後の西ドイツで再びナチスドイツの情報要員を活用する課報機関――「ゲーレン機関」――の設立をアメリカに認めさせた。

「ゲーレン機関」を構成する主体はナチス政権以来の生え抜きの課報要員である。こうして、ヒトラー政権下の情報機関・要員・資産は、ゲーレン元大佐の才覚で「ゲーレン機関」として生き残った。「ゲーレン機関」は、その後敗戦から10年後の１９５５年には、西ドイツの連邦情報局（ＢＮＤ）

に姿を変え、かけがえのないナチス党政権下の情報資産（要員とインテリジェンスのノウハウなど）は戦後も命脈を保つことができた。

もちろん、初代のBND長官はゲーレンが務めた。BNDは、1990年のドイツ再統一後もそのまま存続している。BNDの職員数は7000人以上に達し、そのうち、約2000人が国外での諜報情報の収集に従事している。BNDの本部はベルリンに置かれ、本部では3000人以上の職員が働いている。

ドイツ・BNDは、第1局・ヒューミント（HUMINT）、第2局・シギント（SIGINT）、第3局・情報分析、第4局・管理、第5局・国際テロ対策、第6局・技術支援、第7局・教育訓練、第8局・公安、対諜報、第9局・財務会計から構成されており「諜報（スパイ）」と「防諜（カウンターインテリジェンス）」の両面を備えているほか、日本が持たない「国外での諜報情報の収集（スパイ活動を含む）」能力を有している。

「ゲーレン機関」は、米ソ冷戦対立の最前線で、〝鉄のカーテン〟に覆われたソ連に関するインテリジェンスを獲得できる貴重な諜報機関として、アメリカを含むNATOなどから重宝・厚遇された。西ドイツは敗戦国でありながら「ゲーレン機関」とそれに引き続くBNDを有していることで、日本に比べれば独自の政策判断や外交政策を行ううえで有利な立場を構築できたのではないだろうか。

ゲーレンの対米工作をみて感心するのは、その先見洞察力、深謀遠慮、強力な交渉・実行力だ。旧日本軍のなかにもこのような凄腕の将軍・提督・情報将校がいたなら、我が国の戦後の軌跡はもっとましなものになっていたことだろう。軍人が戦うのは戦時・戦場だけではなく、敗戦後も国家再建のための戦いが待っているのだ。

もう一つ思うことは「情報の力＝価値」は恐るべきものであるということだ。敗戦国のドイツの軍人――将軍でもない一人の大佐――がその保有するソ連軍情報・情報要員を活用することにより戦勝国のアメリカ軍・政府を意のままに動かせたのだ。

◆インテリジェンス体制再興ができなかった日本

日本も敗戦により旧陸軍参謀本部の第２部（ロシア課（第５課）、欧米課（第６課）、支那課（第７課）、謀略課（第８課））や旧海軍軍令部の第３部（第５課（米大陸情報）、第６課（中国情報）、第７課（ソ欧情報）、第８課（英欧情報））や特務機関などはすべて解体されてしまった。残念なことに、結果からいえば、ドイツとは対照的に、同じ敗戦国の日本は、インテリジェンス体制の再興はできなかった。

◆ＧＨＱの参謀第２部（Ｇ２）傘下の情報機関

戦後、ＧＨＱの情報部門を統括する参謀第２部（Ｇ２）部長のチャールズ・ウィロビー陸軍少将の下に旧陸海軍の将軍・提督・大佐を中心にしたいくつかの情報機関が誕生し、活動した。これら情報機関の情報収集努力は当初「戦犯容疑者に関する情報」であったが、スターリンの野望が明らかになるにつれ「ソ連・中国・朝鮮の情報」さらには「ソ連に使嗾された日本国内の共産党勢力（ソ連がシベリア抑留者（57万人あまり）のなかからエージェント（スパイ）に育成した八千余名を含む）の動向」に移っていった。

かつての敵であるアメリカに協力する将軍・提督は「公職追放の身で肩身の狭い思いで過ごすなか、GHQを通して間接的に国家のお役に立つことができる。現実問題としては、GHQに協力すれば、生活の糧も得られるほか、何よりも戦争犯罪人にならずに済む」などと考えたのではあるまいか。

これらの情報組織は、ゲーレン機関の規模・能力には及ばないものの、そのトップ――旧陸海軍将官――がゲーレンほどの構想力と交渉能力があり、ウィロビー陸軍少将を通じ連合国軍最高司令官のマッカーサーとの駆け引きが運良く運べば、戦後日本の国家情報機関創設はもとより、国防軍誕生の〝産婆役〟になり得たのではないかと、筆者は考えている。

結果からいえば、残念ながら、彼らが〝産婆役〟になることはなかった。以下、〝日本のゲーレン〟に擬せられる将官などが中心となった情報機関とその活動のあらましについて述べる。

●河辺機関

河辺虎四郎陸軍中将（陸士24期）が設立した機関で、ウィロビー陸軍少将に主に戦史編纂で協力した。その経緯は『秘録・日本国防軍クーデター計画』（阿羅健一著、講談社、2013年）に次のように書かれている。

《ウィロビー陸軍少将は参謀部第二部に五十人からなる歴史課を設け、メリーランド大学の歴史学教授ゴードン・プランゲを歴史課長に任命し、改めて歴史編纂を進めた。

編纂が進むうち、記述を裏づけるために、日本からみた戦史編纂が必要になり、昭和二十二年三月、そのための人選を有末清三中将に相談してきた。（中略）その結果、参謀次長だった河辺虎四郎中将を長にして、陸軍の有末中将と中村勝平少将が海軍から加わり、同じように作戦課長を務めていた服部卓四郎大佐と大前敏一大佐が陸軍と海軍から主任に就く、という合意ができる。その案を受けたウィロビー陸軍少将は、東京大学経済学部教授だった荒木光太郎を責任者に任命し、河辺虎四郎を有末や中村とともに顧問とし、主任は日本案通りとして発足させることにした

執筆に当たる編纂官は、陸軍では史実調査部にいた人たちを中心に、杉田一次大佐、原四郎中佐、小松演少佐、曲寿郎少佐が選ばれ、遅れて加登川幸太郎中佐、太田庄次中佐、藤原岩一中佐、田中兼五郎中佐が加わる》

河辺中将は終戦時、陸軍参謀次長の身で連合国と会談するため全権としてマニラに赴いており、終戦・占領・進駐の下調整を行った。このことが連合軍（アメリカ軍）との縁となり河辺機関の設立につながったのであろう。マニラに赴いた河辺は、極東アメリカ軍の情報部長だったウィロビー陸軍少

将と出会った。ウィロビー少将は敗軍の将である河辺に対して武士道精神をもって接したという。

河辺機関へのGHQからの援助は1952年で終了したため、河辺機関の旧軍幹部（佐官級）はG2の推薦を受けて保安隊（後の自衛隊）に入隊している。河辺機関はその後「睦隣会」に名称変更した後に、内閣調査室のシンクタンクである「世界政経調査会」になった。そのため、初期の内閣調査室には河辺機関出身者が多く採用されている。

●有末機関

旧陸軍参謀本部の第2部長（情報）だった有末精三陸軍中将（陸士29期）が設立した機関で、ウィロビー少将と連携して、ソ連や中国などへのスパイ活動などを行ったといわれる。

有末は終戦直後の九月上旬、アメリカ軍が横浜に上陸した直後、対日連絡課長マンソン大佐から上司のウィロビー少将を紹介されたのが出会いの始まりだった。有末機関については、有末自身が書いた『有末機関長の手記　終戦秘史』（芙蓉書房出版、1987年）に詳しい。

●辰巳機関

辰巳栄一陸軍中将（陸士27期）により設立された機関。辰巳は中国の鎮江にあった第3師団長で終戦を現地で迎え、翌年5月に復員した。辰巳機関設立の経緯は明らかではないが、駐英武官当時の大使（上司）であった吉田茂が内閣総理大臣に就任した後に軍事顧問を務めた経緯から、吉田とのかかわりが機関設立につながったものと考えられる。

辰巳はアメリカ政府・マッカーサーの意向で1950年8月10日に設置された警察予備隊の幹部人選に関与した。この際、同期の木村松治郎（第4師団長）や後輩の宮野正年（第15方面軍参謀副長、陸士30期）ら旧陸軍の将官クラスの協力を得たという。

辰巳は一方で、アメリカ中央情報局（CIA）に対する情報協力も行ったといわれる。CIAでは辰巳を「POLESTAR―5」というコードネームを付し「首相に近い情報提供者」「首相の助言者」など、重要な情報源として位置づけていた。

辰巳はCIAの期待通り、内閣調査室（現在の内閣情報調査室）や後の自衛隊の設置にかかわる資料をアメリカ政府に流していたことが有馬哲夫・早稲田大学教授のワシントンの国立公文書記録管理局における機密解除資料調査で確認されたという（2009年10月）。

この例のように、当時も今もアメリカに対する情報協力に対しては日本の防諜当局（公安警察）からは何のお咎めもなく、事実上野放し状態である。政治家や官僚、メディア関係者などのなかには「売国奴」として、CIAに対して忠勤に励んでいた者がいたのは事実だろう。

●服部機関

服部卓四郎大佐（陸士34期）は旧帝国陸軍の俊秀で聞こえ、作戦能力が抜群であった。1939年5月に起きたノモンハン事件では、関東軍作戦主任参謀（少佐）として作戦参謀の辻政信少佐（陸士36期）とともに作戦の積極拡大を主導したが、ソ連軍の大規模攻勢によって大打撃を被った。停戦後、植田謙吉軍司令官や磯谷廉介参謀長らは現役を退くことになったが、服部と辻は軽い処分で済んだ。服部は1940年10月には参謀本部作戦班長に、翌年7月には作戦課長に就任するなど、陸軍の中枢に返り咲いた。

終戦直前の1945年2月には、歩兵第65連隊長として中国に渡ったが、終戦後の1946年5月には、GHQの指令で中国から単独で復員した。GHQの最初の関心は、日本軍の戦史を記録することであった。開戦時に作戦課長を務めるなど参謀本部の作戦を最も知悉している服部が必要となったのだ。

服部は、その経験と知識を買われ、ウィロビー少将の下で太平洋戦争の戦史編纂を行った。ウィロビー少将はなみいる日本の将軍をさし置き、陸軍大佐の服部に惚れ込んだ。ウィロビー少将は服部の実務能力のみならず全人格的な人間性に深い敬意を払うようになった。ウィロビー少将傘下に擁する日本陸海軍軍人のなかで服部に対して随一の信頼を寄せ、相当機微な問題についても諮問したといわれる。

戦史編纂業務が一段落した1948年末、ウィロビー少将は戦史調査部を中心に「裏の業務」として日本再軍備の研究と準備を命じ、そのための服部機関が発足した。その狙いは共産主義独裁国家のソ連の勢力拡大――冷戦に発展――に対抗し、日本をソ連封じ込めのための一大拠点にする目論見――「逆コース」（GHQによる日本の民主化・非軍事化に逆行するとされた政治・経済・社会の動き）と呼ばれる――があったのは間違いなかろう。ただ、日本の再軍備についてはアメリカ国内においてもコンセンサスが得られていなかった。

服部機関は服部を中心に「陸士34期の三羽烏」と呼ばれた西浦進、堀場一雄のほか、井本熊男（陸士37期）、水町勝城（陸士41期）、稲葉正夫（陸士42期）、原四郎（陸士44期）、田中兼五郎（陸士45期）など、主に参謀本部作戦課や陸軍省軍事課など陸軍の中枢部の要職についた経験のある超エリートの佐官・尉官級の人材で構成されていた。彼らはいずれも陸士・陸大の恩賜組（優等生）であった。服部を含むこれらの陸軍エリートたちの心中にあったのは第一次世界大戦後のドイツに倣って「再軍備」を実現することであった。彼ら陸軍エリートの胸中については前出の『秘録・日本国防軍クーデター計画』に次のように書かれている。

《（第一次世界大戦に敗れたドイツは）１９１９年６月28日、ベルサイユ条約が調印され、ドイツは参謀本部と陸軍大学と徴兵制を禁止される。軍用飛行機、機甲部隊、重砲を持つことも禁止され、陸軍は10万、海軍は１万５千人と制限された。この時ハンス・フォン・ゼークト少将が残務処理を任せられる。

国軍を掌握することとなったゼークト少将は、ドイツ参謀本部の伝統を守らなければならないと考えた。連合軍監視をかいくぐって、国立公文書館を新設して戦史研究をはじめ、かたちを変えた在外武官を大使館に送り込み、軍と師団の司令部で参謀教育をする。

徴兵制は廃止になったが、中核がしっかりしていれば、直ちに数倍の部隊をつくり上げられるとの考えから、将校と下士官の訓練に努める。戦車戦の研究は、トラック教習本部の名前で行っていた。国際政治では、敵対するポーランドに対抗するため、ソ連に接近している。それとともに、禁止されている飛行士の訓練をソ連領土で行い、ソ連領内に毒ガス工場をつくった。

こうしてゼークトは、1926年10月に辞任するまでの7年の間に、すぐにでも大陸軍となりうる少数精鋭軍をつくり上げたのである。

日本の新しい軍隊を考える人々の間で、ゼークトの役を担う人物の出現が期待された》

服部はまさに「日本のゼークト」に擬えることができる逸材で、ウィロビー陸軍少将もそれを認めていた。戦史編纂業務で、服部の周りに集まった俊秀の陸軍将校たちは、新たに創設される国防軍の中枢になる人材として、服部が準備（プール）していたのは間違いなかろう。

服部機関は来るべき再軍備に備え新国防軍の構想を研究した。その構想は大東亜戦争の敗因を教訓に検討された。服部たちは、敗因の最大の原因は陸海軍の相克・対立であると結論づけた。それゆえ、新国防軍は陸軍・海軍・空軍（新設）を単一・一本化することが最大の眼目だった。服部の国防軍構想は成就寸前まで進んでいた。

1950年6月25日、突然、朝鮮戦争が勃発した。不意を突かれたアメリカ政府・マッカーサーは、押っ取り刀で地上軍（日本駐留の4個師団・約7万5000人）の投入を決めた。とはいえ、当時の日本は下山事件や三鷹事件などが起こるなど民心を動揺させる事件が相次ぎ、アメリカ軍が朝鮮半島に投入され日本に「空白」が生じれば、ソ連に使嗾された日本共産党の武装蜂起や北朝鮮と連動した朝鮮人の騒乱が懸念された。

朝鮮戦争の勃発から10日足らずの7月下旬、マッカーサーは7万5000人規模の警察予備隊の創設と8000人の海上保安庁の増員を、アメリカ政府の了解も得ずに独断で決め、これを日本政府に命じた。まさに泥縄状態での決断・実行で、悲劇というべきか。この杜撰なマッカーサーの措置が戦後日本の安全保障体制の運命を決定づけ、戦後レジームが始まったのである。

マッカーサーの決断を知ったウィロビー少将と服部たちは「再軍備の好機到来」と考えたであろう。国防軍と警察予備隊の中身は雲泥の差はあるものの、服部たちは、警察予備隊が国防軍へのステップアップの布石にはなりうると考えたはずだ。

警察予備隊の構想が具体化するにつれ、次の焦点は警察予備隊のトップと主要幹部の人事だった。ウィロビー少将は服部を警察予備隊のトップに据え、公職追放中の軍人の採用を考えた。服部は、3000名の旧軍将校を選定し、名簿の作成まで終えていた。

ウィロビー少将と服部の警察予備隊構想に対抗するホイットニー民政局長（准将）は軍に偏見・怨念を持つ吉田茂総理とタッグを組んでこれに反対した。ホイットニーは社会民主主義的な思想の持ち主のニューディーラーだった。

マッカーサーはホイットニーと吉田の意見を採用し「当分旧軍の正規将校は使わない」という断

を下した。これにより、服部をトップとする警察予備隊構想は潰えてしまった。

1950年8月9日にGHQから呼び出された服部たちは予期もしないこのマッカーサーの判断を知らされた。新国防軍の創設につながる警察予備隊の発足に希望を膨らませていた服部たちの驚き、失望、怒りは当然のことだった。堀場一雄が「吉田なんか切り殺してしまえ」と言ったのはこの時だった。

2007年2月26日の時事通信は、『旧軍幹部らが吉田首相暗殺狙う——52年夏、クーデター企て——CIA文書』と題する記事で、服部らによるクーデター計画が進められていたというアメリカ公文書が公表されたと報道した。この文書は1952年10月31日付のCIA文書で、これによれば、児玉誉士夫の支援を受けた服部ら旧陸軍将校は、自由党の吉田首相が公職から追放された者や国粋主義者らに敵対的な姿勢をとっているとして、同首相を含む政府高官を暗殺して民主党の鳩山一郎を首相に据える計画を立てていたとされる。

この件については阿羅健一氏が服部を知るものなど、広範な調査を行い『秘録・日本国防軍クーデター計画』で、次のように述べている。

《かつて私が服部の周りから話を聞いていたとき、クーデターを耳にすることはまったくなかった。それらしきものがあれば、耳にしていたはずだという思いがある。(中略)クーデター計画は、吉田首相に対する反感の大きさを示すエピソードではあるが、確度の低い情報だったのではなかろうか。そう言わざるを得ない》

また、鳩山政権下では、鳩山総理と根本龍太郎官房長官により服部の国防会議事務局防衛計画担当参事官への起用が検討されたが、大橋武夫や海原治などの防衛庁内局幹部の反対により実現しなかった。

筆者は、服部によるクーデター計画の情報は服部潰しを狙うグループが意図的に流した「偽情報」ではないかと思う。筆者の説――「偽情報」――の真否はわからないが、服部が警察予備隊のトップに就任することや国防会議事務局防衛計画担当参事官への起用が実現しなかったのは「偽情報」のためではないか。

服部自身の自衛隊への入隊はかなわなかったが、服部機関にいた超エリートの軍人たちは自衛隊幹部として入隊した。井本熊男（陸将）は陸上自衛隊幹部学校長に、原四郎（一等空佐）は航空幕僚監部調査部調査課長に（その後、戦史編纂官として『大本営陸軍部　大東亜戦争開戦経緯』を刊行）、水町勝城（空将）は北部航空方面隊司令官に、田中耕二（空将）は航空幕僚副長に、田中兼五郎（陸将）は東部方面総監に、山口二三（空将補）は航空幕僚監部防衛部長に（元部下の秘密漏えい事件に関して責任を一身に背負い自決。事件当時、伊藤忠商事の専務だった瀬島龍三氏と陸士同期（44期））それぞれ栄達している。また、稲葉正夫は防衛庁に入庁し、戦史室編纂官として勤務したほか、西浦進は防衛研修所の初代戦史室長に就任している。

戦後、日米の指導者の間で「日本の国防体制をどうするか」という議論で、①正規の国防軍、②軍隊ではない警察予備隊――という二つの選択肢があった。この際のアメリカの判断は、世界情勢をどうみるかにかかっていた。アメリカはスターリンの野望を見抜いて「封じ込め政策」に傾きつつあり、日本をソ連の「防壁」にしようと考えた。サンフランシスコ講和条約交渉のため、トルーマン大統領の特使として来日したダレス特使（J・F・ダレスの実弟で後にCIA長官）は、1951年1月、吉田総理と会談したが、吉田は再軍備に消極的であった。吉田は、結局「軍隊ではない警察予備隊」を選択した。これが、今日の日本の歪んだ「安全保障レジーム」として定着してしまった。

ウィロビー少将がマッカーサーを説得し、マッカーサーが吉田を捻じ伏せて「正規の国防軍」を創設し、初代の国防軍司令官に服部卓四郎を就任させるというシナリオが実現していれば、国防を蔑ろにし、自国民の安全をアメリカに委ねるという倒錯した国防政策は採用されなかったはずだ。

戦後、日本がハンディキャップ国家（小和田恒元外務次官が唱えた国家論）に転落したのは東條英機と軍に対する怨念を持つ吉田茂、バターンで〝敗軍の将〟にされたトラウマに捕らわれ、冷戦対応のための正しい戦略的な判断ができなかったマッカーサーに加え、日本の再軍備を許さない左翼・ニューディーラーのホイットニー准将という三人による「人災」だと筆者は思う。

服部とウィロビー少将の思惑通り国防軍構想が成就していれば、それとペアになるべき日本の国家情報機関も創設されていたかもしれない。服部は陸軍士官学校出身の作戦の天才といわれた男である。だが、このような作戦畑のキャリアでは、吉田、マッカーサー、ホイットニーを〝調略〟できる諜報・工作の能力は期待できない。敗戦後、旧軍人（作戦畑のエリート）が対米対応で成果を出せなかった背景には「作戦・戦術第一主義、諜報・謀略軽視」のなかで育った人材の限界があったとみるべきではないだろうか。

　ゲーレンの例からみて、日本の国家情報機関の創設のためにはアメリカ政府やGHQと取引ができる〝凄腕の諜報・謀略・工作の逸材〟の大佐・将軍（情報将校）が必要だった。陸軍中野学校の１期生は終戦当時少佐であり、彼らにその役目を期待するのは無理だろう。もし、陸軍中野学校が日露戦争終了後速やかに設立されていれば、アメリカ政府やGHQと取引ができる〝凄腕〟の大佐・将軍級の情報将校を輩出していた可能性がある。そうであったならば、日本の戦後は大きく変わっていたかもしれない。

　陸軍中野学校の創設を急ぐべきであった理由については拙著『「陸軍中野学校」の教え』で詳しく述べた。日露戦争は大山巖大将の満州軍と東郷平八郎大将の連合艦隊だけで勝利したのではない。明石元次郎大佐による対ロシア謀略・工作が功を奏し、ロシア国内のレーニンなど反皇帝勢力や芬蘭土（フィンランド）過激反抗党の党首・指導者のコンニ・シリヤクスをはじめロシアに弾圧されたポーランド、フィンランド、バルト三国などの反ロシア勢力（地下組織）を「打倒！　ロシア皇帝」のスローガンのもと糾合させ、テロ、暴動、ストライキなどを大規模・広範に展開し、ニコライ二世の心胆を寒からしめ、ポーツマスにおける日露講和交渉に引き摺り出すことができたのだ。

　日露戦争に勝利した日本は明石工作を学ばず、敗戦したソ連（革命により誕生）側は諜報・防諜・謀略の重要性を学んだ。１９１７年、10月革命でレーニン主班の「人民委員会議（労農政府）」が成立すると、共産主義国家出現に驚いた日本や欧米は、１９１７年にはシベリアに共同で出兵し、共産主義を封じ込めようとした。レーニンは、明石工作のみならずシベリア出兵の教訓としても、ソ連革命政権の自己防衛のために諜報・謀略・工作の必要性を痛感したはずだ。

レーニンはこれら二つの教訓に鑑み、1919年には世界革命（ソ連防衛〈防衛〉と革命の輸出〈攻勢〉）のためにコミンテルンを創立した。コミンテルンは諜報・謀略・工作を世界に展開した。当時、共産主義イデオロギーはまさしく結核や新型コロナのように世界のインテリに伝染し、ソ連シンパを増やしていった。1921年には東方勤労者大学（クートヴェ）を開設し、日本をはじめアジア各地から若者を受け入れ（密航）、共産党幹部要員の育成に励んだ。日本でもその効果は早くも現れ、1922年には日本共産党（ソ連傀儡《かいらい》勢力）が設立された。

◆緒方竹虎の日本インテリジェンス再興の夢と挫折

もう一つインテリジェンス体制再興のチャンスがあった。それは緒方竹虎による取り組みであった。これについては、江崎道朗氏の『緒方竹虎と日本のインテリジェンス』（PHP新書、2021年）が委曲を尽くしていると思う。

緒方の経歴はユニークで、朝日新聞主筆を経験した後、政界へ入り、大東亜戦争末期の1944年7月に請われて小磯國昭内閣の情報局総裁（事実上戦時日本のインテリジェンス機関のトップ）を歴任した後、戦後は吉田内閣の副総理にまで上り詰めている。緒方の情報局総裁への抜擢は、緒方が政治結社玄洋社の最高実力者・頭山満、さらに頭山を介して三浦梧楼、犬養毅、古島一雄らの薫陶を受けた国士であり、朝日新聞の要職で広い視野から生きた情勢分析を生業としてきたキャリアからみて〝最適任〟の人事であったと筆者は思う。

終戦末期の情報局総裁を務めた緒方は、日本のインテリジェンス業務・活動をどう評価したのであろうか。緒方が目の当たりにしたものは、日本の安全保障にかかわる省庁間（帝国陸海軍をも含む）の情報共有がなきに等しい有様で、戦争を指導する政府と呼ぶにはあまりにもお粗末な「大日本帝国政府」の実態であった。

江崎道朗氏によれば、情報局総裁としての緒方は「政府に生きた情報がほとんど入ってこない」状態であることを痛感したという。緒方は情報局総裁として、情報が入らぬまま、台湾沖航空戦（１９４４年10月）やレイテ沖海戦（同年10月）と苦渋を飲まされ続けた。陸軍は海軍が、海軍は陸軍が勝っているのか負けているのか、その情報すら共有されていなかった。その結果が台湾沖航空戦大勝の誤報であり、それに引き摺られてのフィリピン・レイテ島での大敗北である。

日中和平工作――繆斌工作《みょうひんこうさく》――も、国家意思の統一ができず失敗し、まさに絶望的な状況に置かれた。繆斌工作は、大東亜戦争・日中戦争末期の１９４５年３月から４月にかけて行われたもので、汪兆銘政権の要人繆斌による日中戦争の和平工作であったが、結局は日本側の反対で工作は失敗に終わった。

この工作を主導したのは小磯内閣の情報局総裁だった緒方だった。天皇に近い東久邇宮稔彦王もこの和平工作に賛成していた。当初はこの和平工作に陸海軍首脳も賛成の意向であったが、重光葵外務大臣はこの工作に猛反対し、内大臣の木戸幸一も重光を支持した。

重光の反対を受けて、杉山元陸相と米内光政海相も賛成意見を変更し、繆を通じての和平工作に反対した。参謀総長の梅津美治郎も反対に回った。最終的には、天皇の反対でこの工作は失敗に帰した。これを受けて、小磯首相は退陣するに至った。

戦後、緒方はなぜCIAをつくろうと考えたのだろうか。1952年4月、サンフランシスコ講和条約と日米安保条約が発効し、日本は連合軍の占領下から脱した。同年10月、緒方は公職追放解除後、第25回総選挙で吉田自由党から出馬し初当選を果たし、国務大臣兼副総理に就任した。

吉田も緒方も新生日本を運営するうえで国家にとって情報機関を整えることは当然のことと考えた。総理の吉田は、GHQ参謀第2部(G2)直轄の秘密情報機関であるキャノン機関の長であるジャック・キャノン少佐に会った際、日本再建のためには「たとえ小さくてもよいから情報機関のようなものがぜひとも必要だ」と述べ「自分にはその方面の知識がないが、戦争中に情報局総裁を務めた友人の緒方竹虎ならば話を十分に理解できるから、是非彼に会ってください」と頼んだという。

吉田とキャノン少佐の会談から推察し、情報機関の設立の必要性については、吉田と緒方は共通の認識を持っていたものと思われる。このような経緯で、吉田政権の要職に就いた緒方は「日本版CIA」と呼ぶべき「新情報局」創設を志向するに至ったと思われる。

緒方が新たな情報機関をつくるうえで心に占めたことは、小磯内閣における情報局総裁時代に目の当たりにした①陸海軍・外務省などがバラバラで総合的に分析されていないお粗末な情報、②政府内の省庁間で情報が共有されておらず、政策・戦略に情報が生かされていない、という反省だったことだろう。

緒方はＣＩＡの協力者であり、ＣＩＡが緒方政権擁立のために積極的な工作を行っていたとする説がある。新たな情報機関の設立を目指す緒方にとって、それは当然のことだろう。そのことは、ゲーレンがＣＩＡの協力者となったことをみれば首肯できるであろう。敗戦国で情報機関を創設しようとすれば、戦勝国であるアメリカ（ＣＩＡ）の承認と協力がなければ不可能であったろう。

ＣＩＡの緒方に対する期待は日本版ＣＩＡの創設にとどまらなかった。２００９年7月26日付の「ＣＩＡ：緒方竹虎を通じ政治工作50年代の米公文書分析」と題する毎日新聞の記事は、要旨以下のように伝えている。

《1955年の自民党結党にあたり、アメリカが保守合同を先導した緒方竹虎・自由党総裁を通じて対日政治工作を行っていた実態が25日、CIA（米中央情報局）文書（緒方ファイル）からわかった。CIAは緒方を「我々は彼を首相にすることができるかもしれない。実現すれば、日本政府を米政府の利害に沿って動かせるようになろう」と最大級の評価で位置付け、緒方と米要人の人脈づくりや情報交換などを進めていた。アメリカが占領終了後も日本を影響下に置こうとしたことを裏付ける戦後政治史の一級資料と言える。（中略）

米側は52年12月27日、吉田茂首相や緒方副総理と面談し、日本側の（筆者注：カウンターパートとしての）担当機関を置くよう要請。政府情報機関「内閣調査室」を創設した緒方は日本版CIA構想を提案した。日本版CIAは外務省の抵抗や世論の反対で頓挫するが、CIAは緒方を高く評価するようになっていった。（中略）

吉田首相の後継者と目されていた緒方は、自由党総裁に就任。2大政党論者で、ほかに先駆け「緒方構想」として保守合同を提唱し、「自由民主党結成の暁は初代総裁に」との呼び声も高かった。（中略）当時、日本民主党の鳩山一郎首相は、ソ連との国交回復に意欲的だった。ソ連が左右両派社会党の統一を後押ししているとみたCIAは、保守勢力の統合を急務と考え、鳩山の後継候補に緒方を期待。55年には「POCAPON（ポカポン）」の暗号名をつけ緒方の地方遊説にCIA工作員が同行するなど、政治工作を本格化させた。（中略）

だが、同年11月15日の保守合同のときには、自民党は4人の総裁代行委員制で発足し、緒方は総裁になれず2カ月後急死。CIAは「日本及び米国政府の双方にとって実に不運だ」と報告した。ダレスが遺族に弔電を打った記録もある》

緒方の志半ばの急逝は、我が国が「まともな国」になるうえで、大なる損失であった。特に「インテリジェンスの再興」にとっては決定的なダメージとなり、日本版CIAの創設という目標は雲散霧消してしまった。

第4章　筆者が体験・見聞した諜報・防諜に関する話

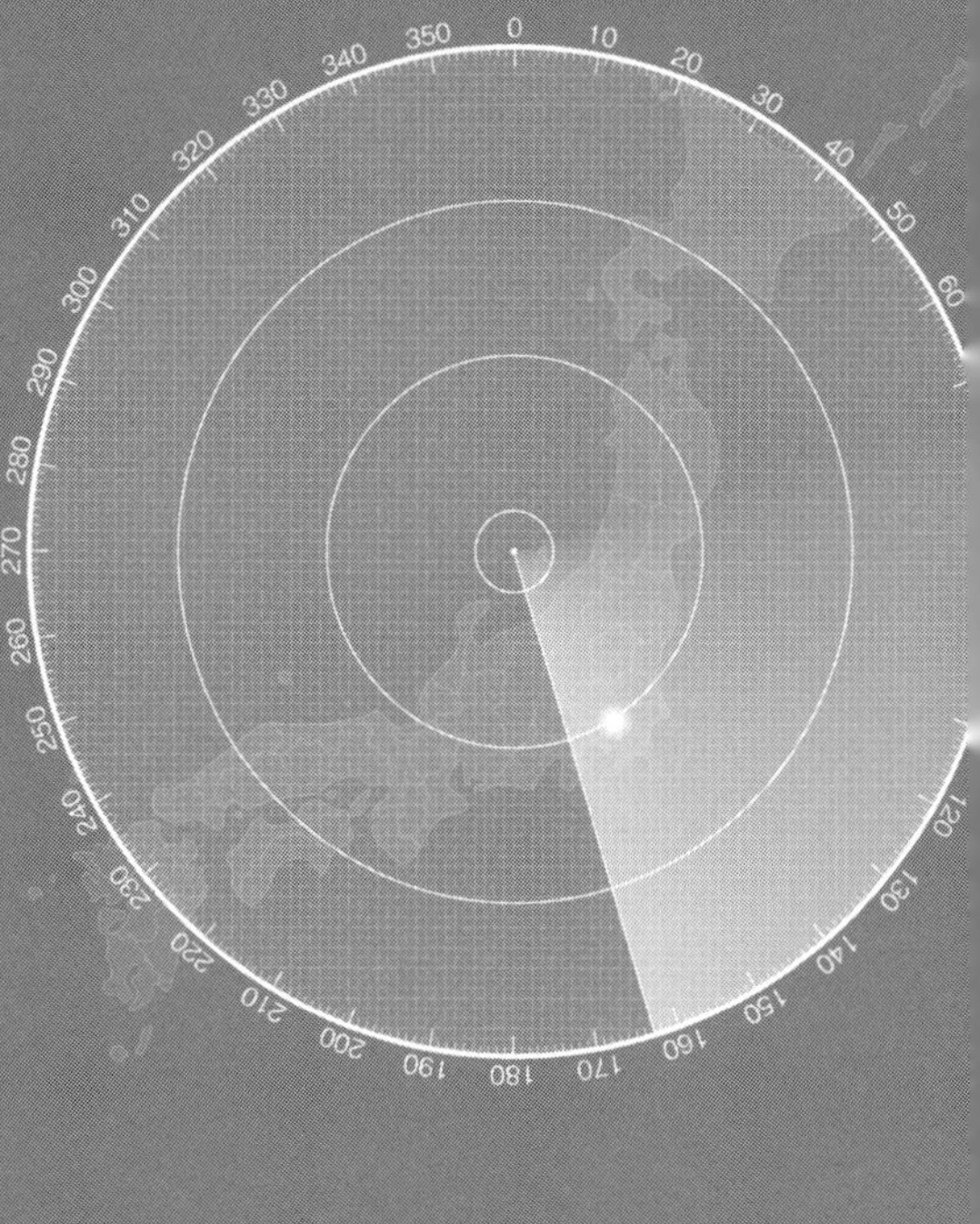

◆防衛駐在官時代

筆者は、1990年6月から1993年6月までの3年間、冷戦構造崩壊直後の韓国で駐在武官として勤務した。以下に記すのは、この間、筆者が体験・見聞した諜報・防諜に関する話である。

●スパイ事件

1993年6月8日、筆者は3年間の防衛駐在官の任務を終え帰国した。成田空港に飛行機が着陸した瞬間、「無事に帰れた‼」と心が高揚し、なぜか、全身からどっと汗が噴出したのを覚えている。「千日間余をきわどくも全力で駆け抜けたが、韓国当局から指弾されることもなく、ついに無事に帰国できた」という思いが潜在的にあったのだろう。

ところがドッコイ、そのまま無事には終わらなかった。帰国直後、フジテレビのA支局長(当時)と韓国国防部の情報将校B海軍少佐(当時)がスパイ容疑で韓国当局に逮捕された。金永三文民政権誕生という新しい空気のなかで、韓国のメディアは「日本大使館武官福山大領(一等陸佐)によるスパイ事件」と、まるで筆者が黒幕として、逮捕された二人をコントロールしていたかのようなニュアンスで一斉に書きたてた。A支局長逮捕を報じた7月14日付『朝鮮日報』は一面トップで「日本のA記者拘束、機密27件日本武官に渡す」と題し、次のように報じている。

《A支局長は、軍事機密を入手すると、陸軍武官福山隆一等陸佐などに電話で知らせた後、これを伝達するなど、取材活動を逸脱し、軍事上の諜報活動をした嫌疑を受けている》

事件が報じられた朝、筆者はいつものようにトイレに新聞を持ち込んで読んでいた。社会面まで読み進むうちに、「日本の防衛駐在官、韓国でスパイ事件」という見出しの記事をみつけた。一瞬のうちに、さまざまな思いが頭のなかを駆け巡った。逮捕された二人に対しては大変申し訳ないが「最も恐れていた事態ではなかった」という安堵感のほうが強かった。

なぜなら、この事件に筆者は主導的には関与していなかったからだ。筆者は結果的には情報をいただいてはいたが、それは筆者が自ら彼ら二人に積極的に働きかけてやったものではなかった。二人に対しては心から同情はしたが、筆者が本当に〝お世話〟になったほかの方々に累が及ばなかったことでいささかホッとした、というのが偽らざる心境だった。

我が国の新聞・メディアの世界においては、戦後の良き伝統として「ペンの独立」が確立されている。したがって、A支局長はすべて自らの信念で活動されていたことを筆者はここで明らかにしておきたい。A支局長が筆者と会うのは、当然のことだが、朝鮮半島情勢などについて意見交換をするのが主目的であった。支局長の逮捕後、筆者は、支局長のお父様から、切々とその心痛を訴えるお手紙や電話をいただいた。筆者は、二人に申し訳ないと思い、八方手を尽くしてなんとか少しでも救いの手を差し伸べられないだろうかと、あれこれ思案した。ある有力な方に相談もした。しかし、筆者の立場ではいかんともしがたいことを悟り、無念にも沈黙するほかなかった。

このスパイ事件が起こった背景について考えてみた。5・16クーデターで政権を掌握した朴正熙の支配体制を支えたのは、中央情報部（のちの国家安全企画部（KCIA）軍の情報機関——陸・海・空軍保安隊（のちに国軍保安司令部から機務司令部と名称を変遷（KCIC）とであった。朴大統領政権下では、KCIAが優位を占めていた。

ところが、1976年10月、朴大統領はこともあろうに、最側近であるはずの中央情報部（KCIA）トップの金載圭部長から晩餐会の席で射殺された。これを契機に、1979年12月、粛軍クーデターにより誕生した全斗煥大統領は、朴大統領を殺害したKCIAに対する懲罰の意味と、クーデター当時自らが司令官（少将）として任じていた国軍保安司令部（KCIC）に対する愛着から か、KCICをKCIAの上位に位置づけた。

縦割りの行政組織が自己主張する以上に、情報機関同士の縄張り争いは熾烈である。KCICの「風下」に置かれたKCIAの怒りと屈辱が窺い知れる。KCIAは、ひそかに「打倒KCIC」の策を胸に秘め、文民大統領誕生の到来を待っていたのだ。

本来、過去に厳しい弾圧を加えられた金泳三はKCIAとは敵対関係にあった。しかし、大統領当選後、金泳三は政権維持のためにKCIAと手を組んだものと思われる。そして、金泳三とKCIAは共通の敵で、クーデターをやりかねない、韓国軍とその情報機関のKCICを徹底的に叩いて「牙」を抜こうとしたものと思われる。両者は、韓国軍とKCICのメンツを潰す〝決め手〟として「日本の駐在武官による韓国軍に対するスパイ事件」を国民に曝すことを考えたものと思う。いずれにせよ、このスパイ事件の本質は、韓国軍対ＫＣＩＡ・金泳三の「権力闘争」であったと筆者は確信している。Ｂ氏とＡ氏はその犠牲者だったのだ。

今から振り返ってみると、スパイ事件が表面化する予兆と思われることがあった。それは韓国を去る直前の小さな出来事だった。筆者は、韓国国防部から「保国勲章」（韓国の安全保障に明確な功を立てた者に授与する。一～五等級ある）の授与を予告されていた。勲章は、韓国国防部で国防部長官から授与される予定だった。その直前に、武官連絡室長から呼ばれた。室長は、微塵も違和感を抱かせることなく「国防部長官から、『福山大領は、武官団長を歴任されるなど、立派な功績を残されたので、私から授与するより、帰国後、防衛庁や外務省関係者も立ち会いのうえ、在日本韓国大使から授与させるようにせよ』という指示があり、国防部における叙勲授与式を取り止めにしたい」と告げた。筆者も、異論はなく、厚意に感謝した。韓国政府・国防部は、スパイ事件の立件を水面下で着々と進めながら、筆者に叙勲を授与しない方策を考えていたのかもしれない。スパイ関係者に叙勲を与えてしまえば、大きな失敗と世論に指弾されたことだろう。

叙勲については、後日談がある。事件後しばらく経って、当時の陸上幕僚監部調査部長の国武将補（仮名）が駐日韓国大使館側と粘り強く交渉して、筆者に保国勲章をもたらしてくれた。大統領の紋章（二羽の鳳凰の間に槿《むくげ》の花）つきの「恩賜の時計」が添えられていた。韓国側は「当面、福山大領に叙勲を授与したことは、公表しない」という条件をつけた、と聞いた。水面下であったにせよ、韓国国防部が筆者に勲章を授与したことから判断して、このスパイ事件は、B氏の主張する「大統領・国家安全企画部（KCIA）主導説」が正しいような気がする。

事件が報道された後の、筆者のことについて話そう。韓国から送られてきた韓国主要紙の一面トップに、自分の名前が韓国語と漢字で書かれているのをみせられた時は、名状し難い複雑な思いだった。筆者は辞職までも覚悟したが、特に外務省と防衛庁内局が擁護してくれた。当時の外務省東北アジア課長の藤井新氏（故人）は「福山さん、あなたがやられたことは、国際的には常識の範囲内です。我々は韓国との外交関係を多少損なうことも辞せず、あなたを擁護しますから」と言ってくれた。

また当時防衛庁内局調査一課長の安藤隆春氏（警察庁からの出向で、後に警察庁長官）も同様に力強く筆者を励ましてくれた。ありがたかった。スパイ事件に対する外務省の対応のみならず、合計5年半にもおよぶ外務省での奉職（北米局安全保障課で2年半、韓国大使館で3年）を通じ、外務省からいただいた格別の厚遇については、今も感謝の念は変わらない。これとは対照的に、陸上幕僚監部は冷淡だった。まるで筆者を犯人扱いにした。筆者の韓国における情報活動や入手した情報の細部などについて、尋問し調書まで作成し、筆者に署名・捺印を求めてきた。筆者は怒りを禁じなかった。

この事件に対する新聞やテレビの対応は、きわめて冷静だった。むしろ、抑制してくれているようにも感じられた。紙面には韓国の報道ぶりを引用した、簡単な記事・報道内容のみだった。筆者の名前も「F」とイニシャルだけで通してくれた。あるいは、これが報道上のルールだったのかもしれないが。このようなメディアの姿勢を、筆者は「ソウル戦線」でともに戦った支局長たちの、無言の「戦友愛」と受け止めていた。

●ソ連武官からのスパイ勧誘

筆者が韓国駐在武官時代（１９９０〜１９９３年）、韓国とソ連は１９９０年９月30日に国交を樹立した。韓国・ソ連両国は、約１年後の１９９１年９月21日には相互に駐在武官を交換した。中国の場合は１９９２年８月24日に韓国と国交を樹立した後、駐在武官の派遣（１９９４年４月28日）までに２年近くを要したのとは対照的であった。この国交樹立から武官交換までの期間の差は何を意味するのだろうか。中国の場合は、韓国との軍事関係構築について、ソ連よりも時間をかけ、粘り強く北朝鮮を説得したからだろう。一方、北朝鮮も、ソ連に裏切られた直後なので、せめてもの思いで中国をつなぎ止めようと必死の巻き返しを図ったことだろう。

ソ連の初代駐在武官は、ウゾフ海軍大佐であった。ウゾフ大佐はまぎれもなくＧＲＵ（軍参謀本部情報総局）所属で、諜報のエキスパートであることは疑いようもなかった。がっしりした体格で漫画『ゴルゴ13』の主人公「デューク東郷」そっくりの風貌だった。沈着冷静で寡黙だった。

韓国国防部もウゾフ大佐に強い興味を抱くと同時に警戒心を持っていた。ソ連は、そもそも北朝鮮の後ろ盾なのだから。

「彼は、一を聞いたら十がわかる男だ」、「配慮が行き届き、ソツがなく、ジェントルマンそのものだ」、「流石、天下のソ連ＧＲＵが初代武官として送り込んだ男だけのことはある」。

ウゾフ大佐に関しては、こんな評判を韓国国防部のあちこちで聞いた。
ウゾフ夫妻は簡素なアパートに住んでいた。筆者夫婦はある時、タイ、マレーシアなどの武官夫妻とともにウゾフ大佐の自宅に招待された。アパートに入る時、韓国人警備員に身分を聞かれた。武官の一人が筆者に言った。

「あの警備員は韓国機務司令部（韓国軍防諜機関）の要員で、ウゾフは24時間監視下に置かれているそうだよ。今まで北朝鮮最大のスポンサーだったソ連を韓国が警戒しないはずがない。モスクワにいる韓国武官も同じようにソ連当局の監視下に置かれているだろうな」

これを聞いて、筆者は密かに思った。

「今夜のウゾフ家における我々の会話は、すべて韓国軍・情報機関から盗聴されているはずだ。用心して喋らなければ」

ウゾフ大佐は、母国が崩壊の危機にあり、十分な資金もないようだった。当夜の食事は、缶詰の鰯と玉葱のスライスを黒パンにのせたサンドイッチ、キュウリやトマトのぶつ切りサラダなどほかの武官団の料理の標準からはかなり劣るものだった。しかし、このような逆境のなかで、ソ連の捲土重来を期してひたむきに任務に励むウゾフ大佐夫妻に筆者は密かに敬意を表したものだ。

ウゾフ大佐が「デューク東郷」のようにタフであることを印象づけられたのは、１９９１年３月の済州島への武官団旅行の時であった。昼食後の休憩時間、我々武官団のメンバーは海岸の高麗芝の上に2時間ほど座って休んでいた。間もなく午後のスケジュールに移ろうとする頃、ウゾフ大佐夫妻が岩場のある海のなかから上がってきたのを見て、武官団は驚いた。3月の寒い海に入るなど信じられなかった。しかし、よく考えてみると、寒冷の地ソ連からきたウゾフ大佐夫妻なら無理なことではないのかもしれない。モスクワでは正月に氷結した川の氷を割ってプールをつくり「寒中水泳」をしている映像を見たことがある。

彼の体のあちこちには牡蠣殻などで切ったと思われる傷口があり、血が吹き出していた。ウゾフ夫妻はまったく気に留める様子もなく、直ちに着替えを済ませ、何もなかったようにスケジュールをこなした。それまでは目立たなかったが、夫人の方も只者ではないと思った。

この武官団旅行では、筆者にとって思いもかけない出来事があった。なんと、ウゾフ大佐からソ連のスパイになることを勧誘されたのだった。ウゾフ大佐夫妻が泳いだ翌日の早朝、筆者は近くの公園を散歩していた。突然、林のなかからウゾフ大佐が現われ筆者に話しかけた。その顛末はこうだ。

「福山大佐おはよう」

「ウゾフ大佐おはよう。早起きしてトレーニングしているのかい」

「いやそうじゃない。君に会って話したいからきたのだ」

「話とは何だい」

「君が、韓国の駐在武官を終えて東京に帰ったらまた日本で会えないか——という相談だ」

「エッ⁉」

筆者は一瞬のうちにウゾフ大佐の真意を理解した。「福山よ、お前は帰国後ソ連の協力者・スパイにならないか」という勧誘だと。筆者はきっぱりと言った。

「俺は、日本の軍人だ。祖国を裏切ることは決してないよ」

「………」


このような短いやり取りで会話は寸断した。ウゾフ大佐はまったく何もなかったかのように、林のなかに消えていった。また、その後の武官団旅行はもとより、ソウルでの武官団の交流でもウゾフ大佐は何もなかったように振舞った。

それにしても、ソ連が崩壊の危機に直面しているその時に、自衛隊幹部をスパイにリクルートしようとする気迫にはまさしく驚いたものだ。ソ連・ロシアはインテリジェンスの価値や重要性をどの国よりも深刻に認識しているのだと思った。ウゾフ大佐の目からみて、筆者はスパイにリクルートできる〝カモ〟にみられたことにはいささかの憤りと自省と悔しさを覚えたものだ。

●フランス武官との情報交換

筆者はフランスの武官と韓国陸軍の編成表について情報交換をしたことがある。率直にいえば、韓国と地理的に遠いフランスが韓国陸軍について「大した情報は持っていないだろう」と高をくくっていた。

しかし、情報交換を行って驚いた。「フランスは、ヨーロッパから遠く離れた韓国の陸軍についてどうしてこんなにも詳細に知っているのか」と、驚くほどの情報を持っていたのだ。その理由として考えられるのは、フランスが在韓国連軍のメンバーであることだ。フランスは、イギリス、トルコ、ベルギー、カナダなどとともに在韓国連軍に兵力を差し出した16カ国の一つである。とはいえ、フランスが韓国軍の内情に精通している理由をそのことだけで説明するのは困難だ。

フランスは、16世紀から20世紀にかけて海外植民地を建設した。フランスの国土の面積は約55万㎢であるが、最盛期（１５３４年から１９８０年）の植民地の総面積は本国の46倍以上の、２４００万㎢に及んだ。こんなお国柄だから、フランスは長期にわたり世界隈なくインテリジェンス網を張り巡らし、今も活発な情報活動をしているのだろう。

戦後、軍と情報機関を解体された日本とは大違いなのだ。日仏の情報能力の格差をまざまざとみせつけられた。

●韓国軍の防諜体制——政治将校と大使館の防衛駐在官秘書

韓国の情報機関といえば、当時、日本では国家安全企画部（ＫＣＩＡ）が有名だったが、実は、これに勝るとも劣らない韓国軍の情報機関が存在した。それが国軍機務令部（ＫＣＩＣ）である。国軍機務司令部の名称は、国軍保安司令部を盧泰愚政権下の１９９１年1月1日付で改称したものである。「機務」という名称は「重要で秘密の政務」という意味を持っている。国軍保安司令部は、歴代軍事政権下で、本来は韓国軍の保全（防諜）が主任務であったが、事実上、ＫＣＩＡのライバルとして、軍内にとどまらず国内政・官界及び民間（反体制グループなど）の情報収集にまでも手を広げてきた頃から、その「政治的色彩」が批判され、１９８８年、盧泰愚政権は軍情報機関全般の政治的中立化方策の一環として、同司令部の活動を軍内に限定するよう徹底した。

国軍機務司令部は、軍事及び国家安全保障のため、軍事保全、対サボタージュ活動、対スパイ活動及び対政府転覆活動を実施する。このため同司令部の要員は、任務達成のため軍事司法警察権を持って独自の捜査を行うことができる。

国軍機務司令部が行う「対政府転覆活動」とは何のことだろうか。韓国軍は、政権維持のための大きな力ともなるが、一方ではクーデターで政権の座に就いた軍人出身大統領自身が知る通り、政権を転覆するクーデターの実行役にもなりうる。したがって、国軍機務司令部の任務に「対政府転覆活動（すなわちクーデター）防止」があるものと思われる。このように国軍機務司令部は軍に対する「お目付け役」として、大統領の座（政権）を守る「最後の砦」となるものであった。

軍人出身の朴大統領や全大統領としては、ＫＣＩＡとＫＣＩＣの二つの情報機関を互いに競わせ、その情報——特に政権維持に関する情報——をダブルチェックすることで、自らの地位を一層確かなものにできたのだ。

筆者も、機務司令部に関する思い出がある。韓国での防衛駐在官勤務時代に第１軍司令官（陸軍大将）を司令部に訪ねたことがある。その司令官は、粛軍クーデター（１９７９年）にも参加したと聞く猛将であった。どことなく陸上自衛隊の竹田寛元陸将（故人）に似ていると思った。

余談だが、昔は、陸上自衛隊にはユニークな豪傑将軍がたくさんおられたものだ。特に、旧陸軍士官学校と防衛大学校の狭間に採用された一般大学出身者には格別良い意味で、型にはまらない、豊かな人間性を持っている方々が珍しくなかった。

竹田寛元陸将は、名古屋大学の御出身で、終戦直後の混乱のなか、学生時代には阿佐田哲也の『麻雀放浪記』を地でいくような生活をしていたという逸話が伝えられていた。いかめしい風貌の割には、人情味豊かな竹田陸将は部下から「カンちゃん、カンちゃん」と慕われていた。

韓国の第１軍司令官はそんな竹田陸将の風貌によく似た軍人だった。その陸軍大将の傍らにデンとした感じで一人の「陸軍大佐」が座っていた。韓国軍内の階級差は日本に比べ一層歴然としており、お互いの立ち居振る舞いに絶対の格差をつくるのが普通だ。しかしこの二人の韓国軍人の様子は変わっていた。「大将」のほうがむしろ「大佐」に気を使っている様子が明瞭だった。筆者は「ハッ」と気がついた。「この大佐こそが国軍保安司令部からの『お目付け役』の将校なのだ。韓国軍の国軍保安司令部の将校は、旧ソ連や北朝鮮などの共産主義国家で、軍に対する共産党のコントロールを確保するために、軍内に配置された『政治将校』に相当するものだ！」と、その時思った。大佐は黙って筆者と軍司令官のやり取りを聞いていた。韓国軍をコントロールする、軍内の情報機関である国軍機務司令部の力の一端をまざまざとみせつけられた思いだった。

ソウルで聞いた話だが、韓国軍将校の人事（昇任や補職など）は、国防長官を経て大統領の決済に上がるそうだ。この際、大統領には別途国軍保安司令官から昇任や補職の対象となる将校の「大統領に対する忠誠度」など「国軍保安司令部が評価した将校の人物情報」が届けられ、大統領は、これを参考に決済を行っているといわれていた。すなわち、国軍保安司令官は、事実上「全軍将校の人事権」まで握っていたことになる。

◆陸上幕僚監部調査第2課長時代

●新生ウクライナ軍の防諜体制

筆者は陸幕調査部・調査第2課長時代（1995年6月～1997年1月）、冷戦崩壊直後の1995年10月4～11日、ロシアとウクライナに出張し情報収集を行った。

ソビエト連邦の崩壊に伴い、1991年にウクライナは独立を果たした。独立後、ウクライナは中立国を宣言し、旧ソ連のロシアやほかの独立国家共同体（CIS）諸国と限定的な軍事提携を結びつつ、１９９４年には北大西洋条約機構（ＮＡＴＯ）とも平和のためのパートナーシップを結んだ。

筆者が訪問した頃はまさに新生ウクライナの国家草創期であり、諜報機関の創設も緒に就いたばかりの頃だった。

10月9日午後、ウクライナ国防部にパンクラートフ参謀長代理（中将）を訪問した。小柄でがっしりした体躯、温かみのある人物だった。自らウクライナの国防に関し、わかりやすいブリーフィングを行ってくれた。言葉の端々から旧ソ連から分離独立後、国軍創設という難事業に取り組んでいる苦労を読みとることができた。

続いて国防情報局長代理マザリャス大佐を訪問。初対面のでいきなり「我々はまず両国の情報機関による『情報交換についての取り決め』を交換した後に、正式に情報交換をすべきだ」との原則論を持ち出した。筆者は「それについては今後検討することとし、本日はせっかくのウクライナ訪問の機会を得たのでご挨拶に伺ったまで」と応じた。同席した相手のスタッフをみるに、ソ連ＫＧＢでたたき上げたいずれ劣らぬ諜報のエキスパートぞろいという印象だった。

ウクライナ情報当局者は「情報は国家の一大事」であることを百も承知のツワモノだったのである。ソ連時代にはＫＧＢなどインテリジェンス関連の任務に従事し、冷戦時代、東西の厳しい諜報戦に鍛えられた彼らにとって、〝日本陸軍〟の情報担当課長が来訪すると聞いて身構えていたのだろう。

先方は、筆者の訪問の真意を図りかねたものとみえ、いろいろ質問してきた。そして、どうやら先方は筆者がアメリカのＣＩＡなどと同様に、ソ連支配時代のＫＧＢの活動などについての関連情報を貰いに（聞きに）きたもの勘違いしたらしい。

先方は身構えるような物腰で「これ（ソ連時代の情報に関すること）については、貴国『陸軍』との間に『情報協定』を締結しなければ、何も出せない」と答えた。筆者は「そんなに、大袈裟な話じゃない」と答えたが、先方には通じなかった。筆者は、軽い気持ちで、旧ソ連に関するわずかの情報でも「出張の手土産」にくれないかと期待していただけに、相手の大真面目な話に面食らった思いだった。

軍対軍の情報交換はきわめてデリケートかつ重い課題で、軽はずみなやり取りは禁物だ。これが世界の常識・スタンダードなのだと、改めて自分の〝無知と認識の甘さ〟を猛省せざるをえなかった。

●某テレビ記者の接近

陸上幕僚監部調査部第2課長時代においても北朝鮮情勢は緊迫しており目が離せない状態が続いていた。筆者が市ヶ谷駐屯地の第32普通科連隊長時代のことだが、1994年7月8日、金日成が急死した。これに伴い、国家元首の地位は事実上金正日が継承し、最高指導者として統治を開始した。

筆者は、この父子の政権継承を「倒産寸前の会社の社長が急死し、その後を経営能力が未知数の二代目のボンボンが継いだ」と比喩したものだ。当時の筆者は、金正日の独裁者としての能力を見誤っていた。これは筆者のみならず、大方の北朝鮮ウォッチャーも同様だった。

金正日体制に移行した1994年から1998年にかけて、朝鮮戦争休戦後最大規模となる飢饉が発生、１９９５年夏の大水害をきっかけとしてそれは深刻化し、１９９８年末までに30万人から３００万人が死亡したといわれる。

北朝鮮・金正日はこのような厳しい国内状況のなかでも対外諜報・工作は抜かりなく継続していた。筆者は、奇しくもそのことを体験する機会があった。当時、某テレビで北朝鮮問題の解説に頻繁に登場するＺ記者がいた。調査第２課長として、自らも情報収集に努めていた筆者はＺ記者とも頻繁に会っていた。Ｚ記者と都内のバーで飲んでいた時、こんな話を持ちかけられた。

「福山さん、実は私は〝あるところ〟から防衛白書の入手を求められているのですよ。そこで、福山さんに防衛白書の入手をお願いしたいのですが、いかがでしょうか」

筆者は、Ｚ記者の話を聞いて「これはおかしいぞ！」と思った。防衛白書を入手するのにわざわざ筆者に頼む必要はない。同書は市販されているではないか。〝あるところ〟の人でも、Ｚ記者自身も自由に買える。

Ｚ記者の〝手口〟は、スパイの常套手段だと思った。最初は軽易なミッションを頼んで、徐々に吊り上げるという手法だ。最初はだれにでも手に入る防衛白書かもしれないが、後には秘密文書までも要求するようになる——というやり方だ。スパイする相手の警戒心を〝薄皮〟をはぐように和らげつつ、どんどん深みに誘う。最初はバーでお酒をご馳走することから始まり、ミッションの難度が上がるたびに金品や色仕掛けなど〝餌〟も比例してエスカレートするという筋書きだ。

筆者は、Z記者に「〝相手の方〟に、『紀伊国屋書店や八重洲ブックセンターなど都内の書店に行けばすぐに手に入るよ』とお伝えください」と応じた。筆者は言外に「陸幕調査第2課長を舐めるなよ。お前の手の内は瞬時にわかっているよ。俺は、韓国で3年間も〝その道〟で鍛えられたのだ」と、Z記者に伝えたつもりだった。

Z記者とのやり取りで二つの感想を持った。第一は、メディアの記者は「二重スパイ」の可能性があるということ。日本のように防諜制度（法律と機関）が緩い国家では、メディアの記者はすべてがスパイの可能性があることを前提に付き合う必要があるということだ。

第二は、機密情報にアクセスできる陸幕調査部第2課長の自分は、スパイのターゲットになるということだ。

Z記者とのやり取りは、実はなんでもないことで、筆者の思い過ごしだったのかもしれない。だが、自身の職責の重さを思えば、それくらい用心した方がよいと思ったものだ。

◆ハーバード大学アジアセンター上級客員研究員時代

筆者は、2005年3月、陸上自衛隊西部方面総監部・幕僚長（熊本県健軍駐屯地）を最後に定年退官した。同年6月、ハーバード大学アジアセンターの上級客員研究員として妻とともにマサチューセッツ州のケンブリッジ市に赴き、約2年間滞在した。ボストンの住処は、１９７９年に日本でベストセラーになった『ジャパン・アズ・ナンバーワン　アメリカへの教訓』（阪急コミュニケーションズ）の著者でハーバード大学教授のエズラ・ボーゲル先生の自宅の三階の屋根裏部屋だった。

筆者には、上級客員研究員としてのノルマなどはなかった。ハーバード大学とマサチューセッツ工科大学の講義やセミナーは自由に聴講できる特権をいただいたうえ、オフィスまで提供してくれた。

以下は、その間に体験・見聞した諜報・防諜に関する話である。

●世界各国のインテリジェンスへの執念

２００５年11月8日、筆者は「インテリジェンス」に関する大変興味深いセミナーに参加した。ハーバード大学が実施している「冷戦研究プロジェクト・セミナー」の一環として、ベルギーから1週間の予定で訪米中のイデスバルト・ゴッディアリス博士（32歳）が「From spies till Solidarity. The archives of Polish Intelligence services from a Belgian respective」というタイトルでセミナーを行った。同じ時間帯に「日・米・韓の歴史問題」についてのセミナーが隣の建物であり、参加者がそちらに集中したため、本セミナーへの参加者はわずかに3名という有様だった。

ゴッディアリス博士によれば、ポーランドの共産政権が倒れワレサ政権が誕生して以降、ポーランド政府は、共産党政権時代の情報機関が収集した膨大な量の情報・資料を限定的ながら公開しているという。その量は、文書の厚さのトータルが１６０㎞にも上るという（筆者のヒアリング能力から聞き間違いの可能性もある)。

これらの情報は、共産党政権誕生以降のもので、初期のものは統一性・一貫性に欠け、なんでもかんでも手に入れたものを収納していた様子だったとのこと。しかし年月を経るにつれ、質の高い一貫性のあるものになってきたという。

ゴッディアリス博士は、いくつかの情報資料のコピーをスライドで提示した。一枚目は、ポーランド駐在の外国武官の情報活動の証拠写真だった。アメリカ武官と思われる私服の男性が駐車した車のドアを半開きにしたまま体を乗り出して、何か重要施設の写真を撮っている写真である。筆者も韓国で駐在武官の経験があり、その際もこんなふうに韓国の防諜機関から秘密裏に監視されていたのかと思うと「ゾッ」とした。

二枚目は、ポーランド共産党政府の外務大臣が西欧を訪問した際の写真だった。この写真は、ポーランド共産党政府が政府閣僚でさえも信用することなく「西側と内通していないか」と常に監視の目を光らせていたという証拠だ。

三枚目は、外国駐在のポーランド武官から報告された機密電報(軍事情報)だった。筆者にはポーランド語はわからないが、これを読めば、当時のポーランド共産党政権が軍事的にどのようなことに興味を持っていたのかが明らかになるほか、情報源などについても手掛かりが得られることになろう。

ゴッディアリス博士によると、当時のポーランド共産党政府においては、電話の盗聴はもとより、トイレのなかにまで盗聴器を仕かけ、お手洗いで気楽に話している内容を盗聴していた証拠文書があるという。このようなことは、現在も各国で行われていると思ってたいたほうがよいのではないだろうか。情報の世界では常識なのだろう。

ゴッディアリス博士によれば、冷戦崩壊に伴い、ポーランドはもとよりソ連、東ドイツ、チェコ、ウクライナ、バルト三国など多数の東欧諸国の共産党政権が崩壊したが、後を継いだ新生の民主政権は一定の制限・基準を設けて旧共産主義政権下において集められた情報を開示しているという。

以下はセミナーを聞いた筆者の所見である。ソ連・東欧諸国の崩壊に伴う「情報開示」は、西側、特にアメリカのＣＩＡなどにとっては、ソ連のＫＧＢを中心とする①情報組織の解明、②情報活動内容の把握、③長期にわたり西側に浸透したスパイ名の特定などに役立ち、大いに興味のあるところで、いわば「宝の山」であろう。

一方、共産政権崩壊後誕生した東欧の新生民主政権も、旧共産党政権下の情報活動について公開することについては、複雑な思いを持つはずである。新政権の要人は、旧体制下では「反体制派＝お尋ね者」として情報・治安機関につけ回され、弾圧された忌まわしい思い出があり、この際リベンジとして一気に旧政権の情報活動を白日の下に晒したいという衝動に駆られたに違いない。しかしよく考えてみると、新政権も政府・国家体制を維持するためには旧政権の情報活動・組織・要員をある程度継承せざるを得ないところもあったにちがいない。したがって、東欧各国は情報の公開に当たっては、内容・接見者などを慎重に判断せざるをえないのだろう。

アメリカのＣＩＡなどは、冷戦崩壊時のドサクサに紛れ〝ハゲタカ〟の如くソ連・東欧諸国の情報組織・活動などを暴き、相当の成果を得たものとみられる。実際、当セミナーの司会を務めたハーバード大学の情報学の権威、クレーマー教授も筆者の質問に対し、アメリカのCIAなどがソ連・東欧から膨大な情報資料を持ち出していることを認め、その一部がすでにインターネット上(http://www.cia.gov)で公開されていると述べた。

こうしてアメリカは冷戦後、情報の世界においても磐石の地位を築いたかにみえた。しかしそう上手くはいかなかった。ご承知のように、テロに対する情報戦においては、冷戦構造崩壊の「配当」はなかったようだ。

ゴッディアリス博士も指摘したように、欧州各国は陸続きで、数々の戦争や情報戦の歴史を持っているため、我が国からみれば小国としか映らない国々も、国家情報にはことのほか真剣に最大限の努力をしていることを強く印象づけられた。

話を戻すが、我が国では、冷戦構造崩壊の好機に乗じ、欧米のようにソ連・東欧の情報組織・活動などの解明をしたであろうか。筆者の知る限りでは「否」である。情報の重要性をDNAのなかに刻み込まれていない、日本民族の「性《さが》」としては仕方のないことかもしれない。

最後に、筆者がゴッディアリス博士にこう質問をした。

「これらソ連・東欧の旧共産主義諸国の情報活動を調査して、今日台頭している中国の情報活動について明らかになったことがありますか」

ゴッディアリス博士曰く、

「中国の情報活動の一例ですが、民主体制移行後のブルガリアの情報当局は、共産党独裁政権時代に同国に留学していた中国人学生はほぼ全員が諜報活動をしていたことを明らかにしています。今日、アメリカに来ている中国人留学生もその大部分は当然そういうミッションを持っていると思います」

このセミナーについて、筆者は「情報戦」と題するエッセイを書いて、日本の留学生などの友人にEメールで送付した。

これを読まれたある留学生が、ご自身の体験的中国人留学生観察の所見をお寄せいただいた。中国人留学生の情報活動についてきわめて示唆に富むと思われる内容なので、以下紹介したい。

《中国からの留学生の一致団結した活動は注目に値します。その団結意識は、日本人留学生の希薄な連帯意識に比べ圧倒的に強いと思います。学内における、文化交流の機会を有効に活用し、親中イメージづくりに最大限に注力しております。これは、ジョセフ・ナイ教授の「ソフトパワーの理論」を実際的に活用している観さえあります。例えば、インターナショナル・カルチャー・イベントにおいてはプロ顔負けの一流の舞踏・器楽演奏（グループ・個人）を披露し、各国の留学生を驚かせました。

私たち日本人は勉強するだけで精一杯なのに、何時、集団的・統一的に練習しているのだろうと思いました。これらの中国人留学生の活動は、自発的にやっているのではなく、誰か（本国・大使館など）の指示で一元的・組織的に動いているのではないかと思われます》

●ハニートラップ体験記

筆者は、ボストンに到着後、すぐに英語学習をはじめようと思った。その心境はまさに「六十の手習い」だった。ハーバード大学は公開講座(Extension School)の一環として外国人(非アメリカ人)向けに英語教育（約6カ月間）を実施している。

ハーバード大学の公開講座は、英語のほか日本語、アラビア語、中国語、フランス語、ドイツ語、ヒンドゥー語、イタリア語、韓国語、ラテン語、ポルトガル語、ロシア語、スペイン語、スワヒリ語、スウェーデン語、トルコ語などの語学教育があるほか、芸術、人類学、アフリカ系アメリカ人の研究、生化学、生物学、科学、ギリシア古典、ビジネス通信、コンピュータサイエンス、創作文学、ドラマ芸術、経済、エンジニアリングサイエンス、環境学、経済学、気象学、外国文学、文化学、政治、歴史、芸術・建築史、科学史、人類社会学、情報システム管理、法学、言語学、マネジメントオペレーション、マーケティング、数学、医科学、博物館学、音楽、自然科学、組織・人材活用学、哲学、心理学、公衆保険、宗教、社会科学、社会学、話術、統計学、スタジオ芸術、映画、学習・研究技法などと広範多岐にわたっている。

公開講座を開くことに関し、ハーバード大学の立場としては、公共教育機関という側面を打ち出し、努めて多くの国民（外国人を含む）に門戸を開き、自らの教育資源を提供するとともに、学校経営上遊休資源を活用して利益を得ることができるという利点があろう。ちなみに、アメリカの大学では、夏休みが６～９月までの３カ月程度、冬休みが12～1月までの1カ月程度、春休みが3月下旬～４月上旬までの２週間程度となっている。

また、公開講座を利用する立場にとっては、世界に名高いハーバード大学の学生とほぼ同じクオリティーの教育が同大学の施設のなかで受けられるほか、正規コースの「単位」としても認められるという利点がある。

学校当局に聞いてみると、筆者が申し込んだ英語教育の受講者だけでも６２９人に上るという。したがって、英語教育以外の公開講座全体の受講者を含めれば、相当な数に上るものと思われる。

公開講座を受講するに当たり「読み・書き・話す・聞く」の各分野の評価テストがあり、筆者は「中程度」の判定を受け、クラスを指定された。

9月2日の最初の授業で、小テスト(「歴史」というテーマの小論文記述とクラス全員によるフリーディスカッション）があり、一段階上のクラスに繰り上げになった。当初のクラスは、中国、韓国はもとよりロシア、スイス、トルコ、ルーマニアなど多彩な国から留学生がきていたが、次のクラス（10名編成）は筆者のほかは中国人と韓国人の女性がそれぞれ1名ずつ、ほかの7名すべてがヒスパニック系であった。ちなみに、全体的にみて、英語教育の公開講座を受講する者はヒスパニック系が圧倒的に多かった。おそらく、移民が多いからだろう。ヒスパニック系とは、メキシコやプエルトリコ、キューバなど中南米のスペイン言語圏諸国からアメリカに渡ってきた移民とその子孫（人種的には白人や黒人、インディオなどの混血）をいう。

先に述べたが、筆者のクラスには中国人の女性がいた。年齢は、20代後半だったろうか。オードリー・ヘプバーンによく似たスラリとした美人だった。彼女は、自分の名前を中国名ではいわず、イニシャルで「ケイ・ティ」と自己紹介した。週2回の講義中は、控えめであまり発言しなかった。休み時間もほかの学生とお喋りすることもあまりないようだった。筆者も何度か話しかけたこともあったが、愛想のない返事で、会話らしいものには一度も発展しなかった。

ところが、である。約半年の公開講座が終了する最後の講義で、今まで控えめで、ひっそりと過ごしていた彼女が、突然変身したのだ。

「私は、皆さんとの良き思い出を大切にしたいので写真を撮らせてください」と言うや、日本製のカメラでクラスメートに愛嬌をふりまきながらシャッターを押し続けた。筆者の印象では、ほかの誰よりも筆者個人の写真をたくさん撮っていたと思う。筆者に焦点を当てて撮影するのをカモフラージュするかの如く、ほかのクラスメートを「言い訳程度」に撮っているような感じだった。今までろくに会話もしないのに「タカシ、タカシ」と筆者の名を親しげに呼んだ。

筆者は、インテリジェンスにかかわった者として、この写真撮影に違和感を覚えた。西ドイツ連邦情報局（ＢＮＤ）の写真の重要性についての創設の功労者で、初代長官となったラインハルト・

ゲーレンはその回顧録『諜報・工作』のなかで写真の重要性について次のように述べている。

《稚拙なことと思われるかもしれないが、「顔写真の台帳」はスパイの仕事では重要な役目を果たすのである。我々は、ソ連原子力スパイの親玉を、たった一枚の写真から見破ったことがある。この男は現在のカンボジア駐在ソ連大使セルゲイ・クドリャフツェフだ》

筆者はもう自衛隊の現役将軍でもなく、情報勤務に携わっているわけでもなかったので「ケイ・ティ」が筆者の写真を撮影する動機は定かではなかった。将来、筆者を「中国のエージェント」に取り込み、何らかの「任務」に使用する「駒」として利用することは否定できない。つまり「ケイ・ティ」の写真撮影は、筆者を中国のエージェントとしてリクルートする最初のステップだった可能性がある。

筆者は、２００６年３月、ハーバード大学の公開講座・英語を修了した。クラスメートとは格別親しくしていたわけでもなく、当然のことながら、その後交流もなかった。

ところが、である。２００７年１月のある日、「ケイ・ティ」が突然アジアセンターの筆者のオフィス（個室）を訪ねてきた。彼女の「口実」によれば、アジアセンターにアルバイトの口があったので面接にきたのだと言う。その際「タカシがアジアセンターにいることを思い出したので、訪ねてきたのだ」と言った。よくも筆者がアジアセンターに個室を持っていることがわかり、それを探し出したものだ。否、筆者個人に関する情報を入手し、入念な準備なしにはできないはずだが。

筆者は、とっさの判断でドアを大きく開いたままにした。「ケイ・ティ」が突然筆者の部屋を訪ねてきたことに、本能的に何か違和感を覚えたからだ。ドアを開けておけば、万が一にも「男と女の関係」に発展する可能性を防ぐことができるからだ。

「ケイ・ティ」は、1時間あまりも筆者の部屋で一方的にお喋りした。公開講座のクラスでの地味な振る舞いや筆者を黙殺した態度とは完全に違っていて、まるで親しいクラスメートとの懐かしい再会を心から喜んでいる、という振る舞いだった。幾分の媚びさえも感じられた。憂いを込めた眼で筆者に自分の思いを訴えた。


「私、最近悲しいの」

「どうして?」

「アメリカでは、誰でも自動車くらい持てるのに、私は、生涯持てそうもないわ」

「アメリカに留学するくらいのエリートが自動車も持てないはずはないだろう」

「いや持てそうもないわ。今後のことを考えると、希望もなくなってしまうわ」

「そんなはずはないだろう。君のお父様は中国軍の戦略ミサイル部隊『第二砲兵』の将軍だと言っていたじゃないか。お父様の力で何でもできるはずだ」

「それほどでもないわ」

その先の会話で「ケイ・ティ」はきっとこう話したかったはずだ。「今後、タカシにはいろいろ相談にのってほしいの」と。筆者には、彼女の心が読めるような気がした。

筆者は、これ以上彼女の身上にかかわるような話に巻き込まれると深みにはまると思い、体よく話題を変えた。そして「次の予定があるから」という口実で彼女にお引き取り願った。

3月頃になると、オフィスに電話がかかってくるようになった。アメリカにきて以来、筆者の部屋の電話が鳴ることはなかったが、突然の電話に驚いた。電話をとったら「ケイ・ティ」からだった。その後はベルが鳴っても受話器をとらないことにした。オフィスに電話をするのは「ケイ・ティ」以外には誰もいなかった。

4月末になって、オフィスに行くとドアの下から手紙が差し込まれていた。「タカシがもうすぐ帰国すると聞きました。その前に是非会いたいと思います。あなたのクラスメートの『ケイ・ティ』より」としたためられ、電話番号が書かれていた。

筆者はまったく無視する戦術に出た。筆者の黙殺戦術をどう受け止めたのかは知らないが、それ以上のアプローチはなかった。これが、ハニートラップだったのかどうか一抹の疑念も残る。年齢が父親と同じくらいの筆者に、相談相手になってもらいたいという単純な動機だったのかもしれない。しかし、もし、ハニートラップだったら、一線を越えてしまっては引き返すことができなかったかもしれない。そう思うと、筆者の判断・対応は間違っていなかったと確信したい。

●「勉強会」に名を借りた諜報活動？

アメリカ滞在中は、『ジャパン・アズ・ナンバーワン　アメリカへの教訓』という本を書いたハーバード大学のあの有名なエズラ・ボーゲル教授の家に寄宿していた。同教授の家は、イングランド風の木造建築で地下室を含む三階建てだった。筆者たち夫婦が借りていたのは、三階の屋根裏部屋だった。部屋には、天窓が３カ所あって、そこから日光が差し込み、夜はベッドの上から星が見え、雨が降ればリズミカルなドラムの音、雷の日はまるで花火を見るようで、日本では体験できないものだった。

アメリカに行く前には、筆者はボーゲル教授のことを単に「親日派の学者」という程度しか知らなかった。ボーゲル教授の家に寄宿し、同教授の大げさにいえば「生き様」をみる思いがした。ボーゲル教授を通じ、アメリカの「官」と「学」の在り方について窺い知る思いだった。筆者しか知りえない貴重な見聞を、ボーゲル教授のプライバシーを侵害しない範囲で簡単に紹介したい。

ボーゲル教授の生き方で最も感心したのは、飽くなき向学心を持っていることだ。１９３０年生まれの同教授は、筆者が滞米した２００５年から２００７年当時、70代後半だったが、週２回、中国人の若い女子留学生に個人授業を頼んで、熱心に中国語のレッスンを受けていた。ボーゲル教授は、日本語のみならず中国語も相当なものだった。おそらくフランス語もドイツ語も自在だろうから「マルチリンガル」にちがいない。英語上達に挑戦するレベルの筆者は、ボーゲル教授の知的な好奇心・情熱には驚かされた。

趣味は筆者のような俗人とは異なり、ゴルフなどはされず、酒も飲まれない。ひたすら本を読み、思索し、研究することが趣味のようだった。夫人が「福山さん、主人は研究しか趣味がないの」と少し皮肉めいて筆者に言ったものだった。ボーゲル教授の生活は、学問一筋のようだった。しかし同教授は単に学問だけの世界に留まらず、ＣＩＡの高官だったといわれる（アジア担当の分析官・極東部長の経歴）。

ちなみに、アメリカの学者を取り巻く環境は日本と異なり、官学一体あるいは産官学一体という特色があるようだ。日本では昔、吉田茂首相が、東京大学の南原繁総長に対して「曲学阿世」、「お前たちは、無責任に言うことだけいう」と皮肉を言ったが、アメリカの学者は、行政にも参画する。アメリカでは、大統領が政策課題推進のために行政府の基幹ポストやその側近ポストなどに短期在職を前提に３０００人にも上る民間人材を活用する「政治任用制度」が存在する。大学の教授や一般民間人の有識者が、行政府の要職に抜擢される制度は、日本のように各省・庁のキャリアだけが要職に上り詰める人事制度とは異なる。

アメリカは日本のように議員内閣制ではないので、国務長官に就任したキッシンジャー博士の例のように高級官僚のみならず長官級ポストにまで自由・柔軟に民間の人材を登用する。大学教授やシンクタンクの学者が、日本でいえば指定職クラスの要職にどんどん採用され、日頃の研究成果を実地に応用する機会が与えられる。また、その行政ポストから大学に戻り、行政の実践体験を新たな研究の土台として生かしている。理論と実践の間を往復するので、学問研究に厚みが増す。単に、口ばかりではない、机上の空論にとどまらない。ここが日米の学者の違うところだと思う。

当時、ボーゲル教授は、数年前から「ハーバード松下村塾」を立ち上げ、日本のキャリア官僚を中心に留学生などを指導していた。月1回、留学生を自宅に集め、ピザ、寿司、ワインなどをふるまいながら勉強会を主催していた。筆者がボストンに滞在していた頃は、ハーバード大学に留学中の航空自衛官（二佐）が同塾の座長（取りまとめ役）を務め、安全保障、政治、通商産業、教育などいろいろな分野別に約40名の学生を数個のグループに分け、それぞれの分野に関連のある官僚を集めて、同教授の前でディスカッションさせていた。そして1年間かけて英文のレポートをつくることになっていた。

「ある人物（ミスターX）」が、その勉強会の様子を見ていて、筆者に相談にきた。曰く、

「福山将軍、あの勉強会を見て違和感を覚えませんか？　ボーゲル先生はCIA幹部で国家情報官（ナショナル・インテリジェンス・オフィサー）だったと聞いています。キャリア官僚の学生たちに勉強会への参加を止めた方がよいと諫めるべきではないでしょうか。留学生たちは近い将来、日本の行政の中枢で政策を企画立案する立場です。そんな身分・立場の留学生たちが自己の専門行政分野の将来政策（10年後）について論議し、1年もかけて英文のレポートをまとめてボーゲル先生に提出するは〝狂気の沙汰〟ですよ。その研究レポートはまさに日本の将来政策そのものに限りなく近いものです。〝トップシークレット〟に値するもので、アメリカにとっては〝最高に貴重な情報〟ではないのでしょうか。特に将来の経済産業政策などがアメリカに知られれば、日本の業界

などがアメリカに負けまいと、一生懸命にやっている将来に向けた研究や投資の努力がフイになる恐れがあります。アメリカに日本の〝手の内〟がバレてしまえば、アメリカはそれを見越して、対抗措置を先行的に実施できるわけです。ボーゲル先生は勉強会の様子をすべて録音し、バージニア州ラングレーにあるＣＩＡ本部に届けているはずです。ＣＩＡはその音声を分析し、学生たちがまとめるレポートを補完するほか、学生の〝品定め〟をして、将来栄達する官僚を選別しエージェントにノミネートしようとしているはずです。春名幹男氏が書いた『秘密のファイル　ＣＩＡの対日工作（上・下）』（共同通信、２０００年）にも書いてあるじゃないですか。政治家や官僚について、ＣＩＡはファイルをつくっている。勉強会に参加する官僚たちのうち、ボーゲル教授が目をつけた連中については、ＣＩＡがファイルをつくりはじめることでしょうね。

日本の官僚のなかには、中国やロシアのスパイ以上にアメリカＣＩＡのエージェントがウヨウヨいるはずです。春名氏の本にもあるように、自民党政権の中枢には政治家・高級官僚のなかに必ずＣＩＡのエージェントがいて、日本の政策についてはアメリカに筒抜けになっているといわれています。これらアメリカのエージェントについては公安警察も野放しの状態です。世界のインテリジェンスの常識からみれば、この勉強会に参加する日本のエリート官僚は相当に〝馬鹿〟としかいいようがない。おまけに、その席にサバティカル（休暇）でハーバードにきている東大教授までいるとは！　彼は中国の専門家だ。ボーゲル先生は彼を二重スパイとして使っているのではないでしょうか。天下の東大教授とその教え子の官僚たちがＣＩＡ・ボーゲル教授に手玉にとられる様を見ていると、日本の将来が思いやられます。福山将軍、そう思いませんか」

「ミスターX」は、暗澹たる表情で、戦後日本の官僚たちの劣化ぶりを嘆いた。筆者が、これにどう応じたかは「秘密」にしておこう。諜報活動の極致というのは、相手が何の違和感・疑念も抱かないなかでスパイ活動をすることである。「ミスターX」の指摘が正しいとすれば「ハーバード松下村塾」と名づけた勉強会を利用し「日本の将来政策」を入手する仕組みをかくも鮮やかにつくり上げている凄腕は、実に「見事」というほかない。留学生たちは、碩学の勉強会に参加できると浮かれているが、「ミスターX」が指摘したような可能性を完全に否定できるわけでもない。ボーゲル教授が、CIAの幹部であったという経歴を考えれば「対日諜報活動ではないか」という「ミスターX」の疑念も理解できる。ボーゲル教授はきっと善意で日本の官僚留学生たちに自宅を開放し、寿司、ピザ、ワインまでもふるまって私塾を開いてくれていると信じたい。しかし、長年にわたり諜報にかかわった「ミスターX」の立場からすれば、疑念は消えないのだろう。筆者は、我が家主でもあるボーゲル教授の弁護に努めたが、「ミスターX」は決して自説を譲らなかった。

読者のなかには、同盟国のアメリカがなぜ日本をスパイするのかと疑問に思われる方もおられるだろう。アメリカにとって「日本を自在に使嗾・支配すること」はきわめて重要な国益なのである。「日本を自在に使嗾・支配する」ためには日本に関する情報を完全にアップデートしておかねばならないのだ。

2019年に『CIAスパイ養成官：キヨ・ヤマダの対日工作』（新潮社、山田敏弘著）が出版された。世界最強の諜報機関ＣＩＡで工作員に日本語を教え、多くのスパイを祖国日本へ送り込んだインストラクターだったキヨの話だ。教え子たちは数々の対日工作にかかわっただけではなく、キヨ自らも秘匿任務に従事していたという。この本を読めば、アメリカが対日諜報・工作を重視していることの一端が理解できよう。

ボーゲル教授は昔、『ジャパン・アズ・ナンバーワン』と日本を持ち上げたけれども、筆者がハーバードに遊学している当時は「チャイナ・アズ・ナンバーワン」という中国礼賛に変身しているようにみえた。ボーゲル教授は中国をアメリカの望むスタイルの民主主義国家に変えるための「尖兵・魁」の役割を担っているのだと思った。当時のアメリカの対中国政策を大別すれば「ヘッジ政策」と「エンゲージメント政策」の二つがあった。「ヘッジ政策」とは、中国の台頭がアメリカの脅威になるのを予測して、これに対抗できるように準備することを重視した政策。「エンゲージメント政策」とは、わかりやすいたとえでいえば「山犬や狼」のような凶暴な共産党独裁国家・中国を手懐けて、大人しい「飼い犬」に変えてアメリカと共存できるようにする政策である。ボーゲル教授は「エンゲージメント政策」の「尖兵・魁」の役割を果たしている――というのが筆者の推測であった。

中国サイドもボーゲル教授の力量には注目しているとみえ、さまざまな中国人が教授宅を訪ねてきていた。ボーゲル教授は、日本の学者のように象牙の塔に閉じこもらず、米中の狭間で活動している。ボーゲル教授は鄧小平の伝記を執筆中だった。天安門事件でデモに参加した人民を殺害した鄧小平の伝記をボーゲル教授が執筆することにより、アメリカが中国に対して「天安門事件は免罪する」というメッセージを発する意義があるのだと、筆者なりに理解していた。なお、ボーゲル教授の著書『現代中国の父　鄧小平』（日経ＢＰマーケティング）は、２０１３年（筆者帰朝後）に出版された。

ボーゲル教授のような生き様こそが、アメリカの「学」の世界の特色であり、ボーゲル教授はアメリカの有数な力量のある学者の典型だと思う。ボーゲル教授は学者としてのみならず、アメリカＣＩＡのインテリジェンス面における功績も、けだし超一流の評価を受けているに違いない。

我が国では、学者の知恵がないがしろにされ、活用されていない。一方学者の方も、日本学術会議の例のように日本共産党のコントロール下にある感があり、現実の政策などとはかけ離れた「曲学阿世」の存在に成り下がっているのではあるまいか。日本とは対照的に、アメリカでは、学者の力を大切に使い切っている。

日本学術会議問題を機に、政府は学者の活用に本格的に乗り出すべきだろう。「知の力」をないがしろにすることは、国家にとって大きな損失である。日本でも、国家行政面でももっともっと学者の活用を促進するべきだと思う。さまざまな分野の優秀な学者たちの政策企画能力、インテリジェンス能力などが生かされれば「官の力（キャリア官僚の能力）」との相乗効果を生み、日本の行政はもっともっとダイナミックな力を生み出すことだろう。日本の官僚制の悪弊――「官学の切り離し」――は、非常にもったいないことだと思う。特にインテリジェンス分野においては、ボーゲル教授のような優れた学者をさまざまに活用することが不可欠だと思う。

ハーバード遊学を終えて帰国する際、校内のカフェテリアでボーゲル教授からお昼を御馳走になった。ボーゲル教授が最も質素なサンドイッチを注文されたので、筆者もそれに倣った。ボーゲル教授は、食事の間ＣＩＡに関することとして次のような興味深い話をされた。

「福山さん、最近ＣＩＡはモルモン教徒をスパイ要員にリクルートしているのですよ。厳しい戒律を実践するモルモン教徒は人や組織を裏切らない。だから、企業の経理部門などお金に関する部署にも採用されるのですよ。また、モルモン教では、18歳から25歳の若い男女が約２年間ボランティア宣教師として、世界各地で布教活動をします。その間に外国語を覚え、その国の文化や歴史などについての理解が進むのです。ＣＩＡがリクルートするうえでは好都合ですね。日本では有名なケント・ギルバート君などがモルモン教徒です」

ボーゲル教授ご自身もモルモン教の青年宣教師と似たような体験をされたそうだ。１９５８年に奨学生として日本へ留学、１年目は日本語を学び、２年目は千葉県市川市を拠点に日本の一般家庭に入り、そこから日本の社会構造や国民性を考察することになった。精神病患者のいる家庭に関する博士論文を書いたボーゲル教授は「アメリカとは異なる社会へ入っていって比較研究をするべきだ」、という指導教官からの助言を受け、それまで特に関心を持つことはなかった日本へ行くことを決めたという。

２年間の現地研修を経て、家庭という領域を超えて、より大きな視点から、日本社会を総合的にとらえることの面白さと重要性を身に染みて感じたという。1979年に出版され、ベストセラーとなった『ジャパン・アズ・ナンバーワン　アメリカへの教訓』はそんな経緯から生まれたものだ。

●アメリカの日本研究者（ジャパノロジスト）――アメリカのインテリジェンスの基盤・裾野の凄さ

前にも述べたが、アメリカは、従属状態の日本でさえも、否、日本だからこそ、その動向について油断なく徹底的に情報収集している。ハーバード大学の講義でその一端を垣間見る機会があった。アメリカのインテリジェンスの基盤・裾野の凄さの一端を紹介しよう。アメリカ人の日本研究者（ジャパノロジスト）についていえば何と2000人以上もいると聞いた。半端ではない。日本語を完全に使えて、日本の文献のあらゆるものを日本語で読み、論文を量産している。そんな学者連中が2000人もいるというわけだ。

筆者はハーバード大学の日本文学の講義に出席して驚いたことがある。それは、カリフォルニア大学ロサンゼルス校からきた若い日本研究者（男性）・助教授（名前を失念したのでN助教授とする）による志賀直哉の文学についての講義だった。N助教授は『暗夜行路』のなかに登場する時任謙作の心理分析を説明した。

N助教授が実施した心理分析は、時任謙作が伯耆大山に登った時の場面だった。N助教授はまず謙作が大山に登るまでのあらすじ――主人公時任謙作は、母と祖父との不義の子であるという出生の秘密を知り、深い苦悩を味わう。結婚によって脱却の道を得たと思ったのもつかのま、自分の旅行中に、妻が従兄と不義を犯す。こうしたぬきさしならない暗夜行路を経て、謙作は心境の安定を求める旅に出る――を簡単に話した。

次に、謙作が夜明け前の暗闇のなか、山頂を目指して一人歩く場面、続いて山頂で次第に夜が明けて、下界の風景を眺める場面に話を進めた。暗い登山道を歩きながら憂鬱に沈んでいた謙作が、山頂に達し、次第に明けゆく下界の風景を眺望して、自分が自然と一つになったように感じ、自然の大きさと人間の小ささを感じるまでの一連の心の動きを克明に分析・描写してみせた。筆者は門外漢だが、日本人の学者にこんな細やかな分析をやっている人物がいるのだろうかと思うほどだった。

また、別の講義では、日本の『古今和歌集』などの歌を一首選んでこれをあらゆる観点から研究して仕上げた論文を発表するというものだった。いずれの講義も、日本研究を志す修士・博士課程の学生をはじめ、多くのアメリカ人が聴講していた。

アメリカには、文学のみならず、政治、経済、歴史など万般にわたって日本にかかわるあらゆる分野の研究者・専門家が２０００人以上いるというのだ。

このような日本研究者の研究成果の積み重ねは、インテリジェンスのなかではデータバンクに相当するものである。質の良いインテリジェンスを生み出すためには、よく整理・分析された巨大なデータバンクが必要である。対日政策についての状況判断などには、日本のあらゆる分野に関する膨大なデータの蓄積が重要である。そのデータバンクの情報を基礎として、そのなかから必要なインテリジェンスを抽出し、それを分析し、組み合わせてニーズにあった質の良いインテリジェンスに加工して、これをさまざまな問題解決に役立てるというわけだ。日本研究者が営々として生み出す成果は、こうしてデータバンクに蓄積され、活用されているのだろう。

N助教授のような、大学教授による日本研究が大東亜戦争に活用された例を紹介する。それはコロンビア大学のルース・ベネディクト助教授の研究レポートである『Japanese Behavior Patterns(『日本人の行動パターン』)』である。

ちなみに、このレポートが誕生した経緯はこうだ。ベネディクトは、1936年、コロンビア大学の助教授に昇任すると、大東亜戦争がはじまる5年前の、アメリカ軍の戦争情報局に招集された。ベネディクトは、1942年より「対日戦争及び占領政策」に関する意思決定を担当する日本班のチーフとなった。ベネディクトが中心となり、日本人について研究し、それをまとめたのがこの研究レポートである。ベネディクトは、日本を訪れたことはなかったが、日本に関する文献を熟読し日系移民との交流を通じて、日本文化の解明を試みたという。『日本人の行動パターン』は、①階層的な上下関係に対する信仰、②「恩」という思想、③「義理」という務め、④「恥」という文化――に要約された。

ベネディクトの研究レポート(インテリジェンス)はアメリカの「対日戦争及び占領政策」にどのように生かされたのであろうか。アメリカ軍が理解に苦しむ日本軍・民の玉砕や特攻――天皇と国家に対する一種の殉教――は、ベネディクトの研究レポートによって十分に理解できたであろう。

アメリカ軍は「日本本土上陸作戦」として「ダウンフォール作戦」を準備した。ダウンフォールとは「破滅、滅亡」を意味し、枢軸国で唯一降伏しない日本に対して原子爆弾という大量破壊兵器や毒ガスによる無差別攻撃などの使用も辞さず、文字通り日本国そのものを滅亡させるのが目的だった。「ダウンフォール作戦」は、１９４５年11月実施を前提に計画された「オリンピック作戦（九州の占領）」と、１９４６年春の実施を前提に計画された「コロネット作戦（関東平野の占領）」の二つの日本侵攻大作戦により構成されていた。

タラワ、硫黄島及び沖縄などにおける日本軍・民の徹底抗戦をみて、アメリカ軍は「ダウンフォール作戦」における自軍の死傷者数を50万人と推定した。アメリカは「ダウンフォール作戦」における死傷者の発生を回避するために、広島と長崎への原爆投下を決断したのではないか。けだし、その決断（状況判断）の基にはベネディクトの研究レポートがあったのは間違いないであろう。

ベネディクトの研究レポートは、日本占領政策にも生かされた。日本人の天皇を頂点とする「階層的な上下関係に対する信仰」に目をつけ、マッカーサーは天皇を事実上の〝人質〟にし、日本を統治することを決断したのだろう。このように、ベネディクトの研究がアメリカ軍の当初の狙い通り「対日戦争及び占領政策」に大いに役立ったのはいうまでもない。

この例のように、ベネディクトが見出した『日本人の行動パターン』も立派な情報であり、戦争や占領政策に役に立つのだ。ベネディクトは、この研究レポートを基に、１９４６年、代表作『菊と刀』（原題：The Chrysanthemum and the Sword : Patterns of Japanese Culture）を出版した。『菊と刀』はアメリカ文化人類学史上最初の日本文化論である。

『菊と刀』というタイトルが誕生した経緯はこうだ。ベネディクトが最初に考えていたタイトルは

〝We and the Japanese〟だったが、執筆中に〝Japanese Character〟に変更した。ところが、出版社は、第1章を読んだ段階で〝Assignment：Japan〟が良いとした。ベネディクトは同意したものの、初期の自身の代表作である〝Patterns of Culture〟を使った〝Patterns of Culture：Japan〟への変更を希望、容れられない場合は、日本に行ったことがないので〝Assignment：Japan〟ではなく〝Assignment：The Japanese〟にしてほしいと要望した。その後出版社は〝Patterns of Japanese Culture〟を提案した。しかし、出版社側は、編集会議で〝The Curving Blade〟、〝The Porcelain Rod〟、〝The Lotus and the Sword〟の3案が浮上したことを告げ、特に〝The Lotus and the Sword〟を推してきたため、ベネディクトはLotus（蓮）を菊（Chrysanthemum）に変えることを希望し最終決定したといわれる。

このように、アメリカの日本に関する研究のレベルは「『顕微鏡』や『内視鏡』で日本を観察している」という比喩が適切ではないだろうか。一方、日本の方は、極論すれば「アメリカを『望遠鏡』で見ている」状態だ。これでは、勝負にならない。日米の相手を知る研究・努力は今も大東亜戦争以前も変わらないようだ。我々日本人は、アメリカのことを十分に知らずして、日米安保条約により、自らの運命をアメリカに委ねている——といっても過言ではないと思う。

前述のエズラ・ボーゲル教授の例でもわかるように、アメリカの大学教授はインテリジェンス面で大いに活躍している。

「敵を知り己を知れば百戦危うからず」という孫氏の言葉は、万古不易なのだ。

第5章　スパイ天国日本――中国のスパイ・謀略工作の脅威

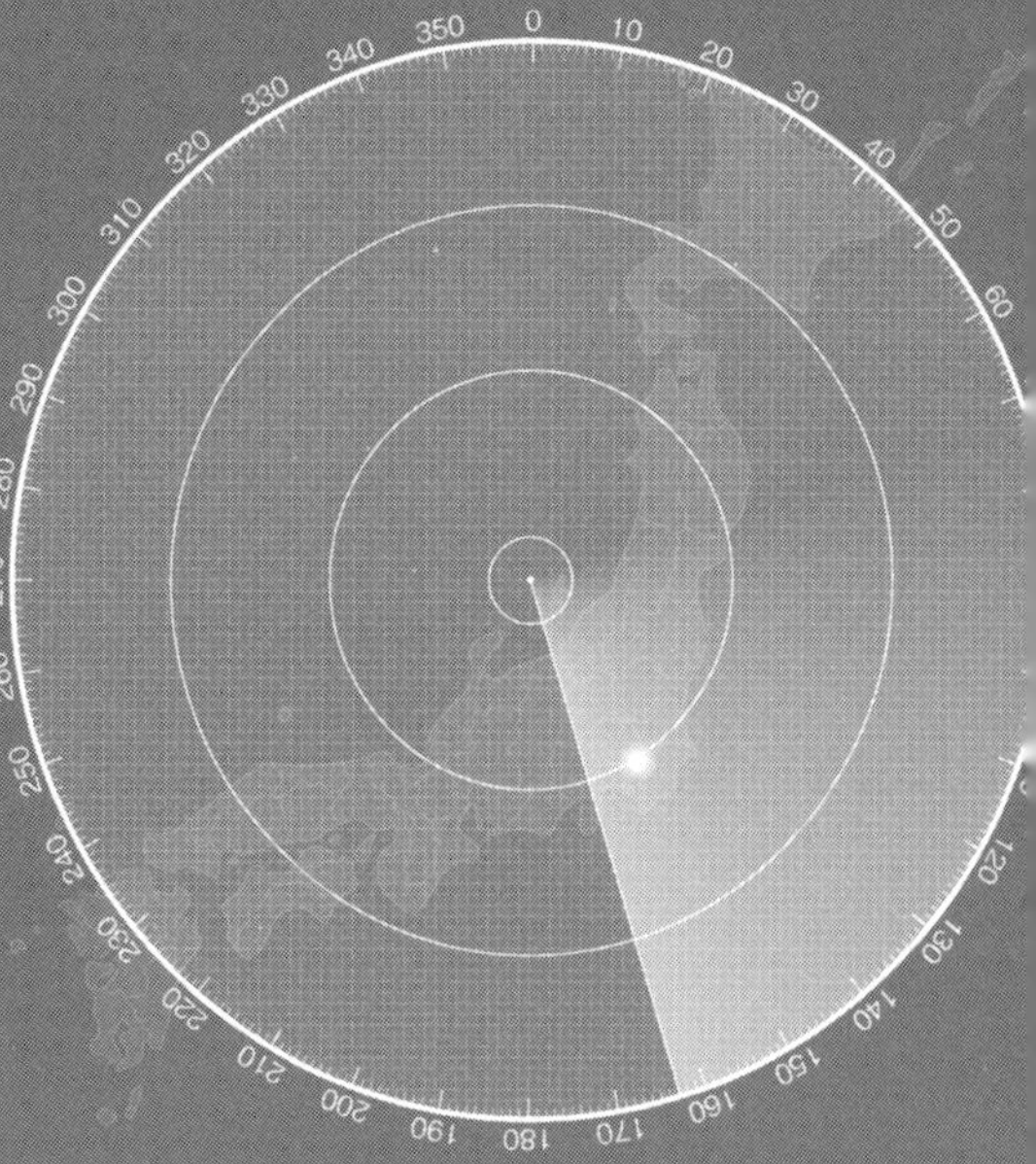

◆敗戦直後から左翼に蝕まれてしまった日本

情けないことだが「スパイ天国日本」という言葉に異を唱える人はいないだろう。「スパイ天国」とは、日本において、諜報（スパイ）活動を防止する法制度や組織などの防諜体制が整っていないことにより、他の国・組織の諜報活動が容易な状態になっているという主張を表す言葉である。

筆者は「スパイ天国日本」に込められた意味・嘆きは、それだけではないと思う。日本は、戦後米英とソ連などにより意図的に共産党などの左翼勢力を扶植され、今日ではたとえていえば「半病人」のように、左翼勢力に蝕まれてしまった状態にある——と考えている。

筆者は、左翼勢力と外国のスパイとは「一体不離」の関係にあると考えている。日本の左翼活動家・組織は①スパイの密入国の援助、②隠れ家の提供、③カモフラージュ（成りすまし（背乗り））支援、④スパイ活動（情報収集、浸透、情報源（エージェント）の発掘、各種工作の支援など）の支援、⑤逃亡の支援、⑥逮捕後の裁判支援など、スパイに対して手厚いサポートができる。

このようにスパイ・スパイ活動の「土台」となる日本の左翼は我が国の敗戦後、占領統治を行った連合軍司令部（GHQ）により意図的に支援・拡充され、その結果、今日では「左翼勢力に蝕まれてしまった状態にある」と言っても過言ではない。その実情は、福田博幸氏が著した『日本の赤い霧　極左労働組織の日本破壊工作』（清談社、2023年）が詳しい。福田氏は、半世紀にわたりソ連（コミンテルン）や中国共産党に使嗾された「大労組」に対して批判を続けてきた。以下筆者がその要点をまとめてみた。

《今、日本は「内なる敵」によって分断の危機にさらされている。彼らは中国、北朝鮮、ロシアなどの外国勢力と連携し、長期にわたり日本国内で分断工作を推進してきた。その「内なる敵」とは「左翼」である。左翼の恐ろしさは数そのものではなく、ほんの少数でも組織の中枢に潜り込み、組織全体をコントロールし得るほどの影響力を発揮することだ。

敗戦後の日本を支配した「占領軍」は、日本が再び自立した強い国にならないよう、「日本弱体化政策」を推し進めた。占領軍GHQ（連合軍最高司令官総司令部）のなかにはGS（民政局＝政務担当）、「G－2」（参謀本部第2部＝軍務担当）という対立する二つの部局があったが、当初は米ソ蜜月時代だったこともあり、ソ連の意向を反映したGSが絶対的優位のもとに占領政策を進めた。

GSグループのなかには、ケーディスやホイットニーなど、アメリカ国務省左翼人脈に連なる「ニューディーラー」と呼ばれる社会主義者が多く集まっていた。特にケーディスはフランクフルターとブランダイスという二人のマルクス主義者のユダヤ人法律学者の弟子で、日本弱体化政策の一環として現日本国憲法を起草し、押し付けた張本人である。

GSグループが「日本弱体化政策」推進の実行部隊、つまり〝尖兵〟として使ったのが日本共産党（以下、日共）党員だった。GSグループにとって日共は国際共産党運動の同志だった。

1919年、レーニン指導の下、「プロレタリアート（筆者注：その実はソ連主導）の世界的独裁の樹立、世界革命」を達成するために「コミンテルン＝国際共産主義運動」が結成された。日共は1923年に「コミンテルン日本支部」となった。日共が占領軍の日本弱体化政策に協力したのは、モスクワからの指令だった。ソ連にとっても、日本弱体化政策は日本を支配するうえで国益に沿うものだった。

コミンテルン（ソ連）の指令を受けた日共は、占領軍のGS勢力をバックに、労働組合の組織単位や、日本国内のあらゆる社会組織に「細胞」をつくった。今日まで継続している「細胞」は日共の外郭団体だけでも7000を超える。これらは全国組織で、網の目のように日本各地に張り巡らされている。特に日共の医療組織「民医連」は、1994年時点で、全国154病院と382診療所が加盟。医師3212人、職員3万8000人が組織化され、日共系医学連には19の大学で自治会が組織され、日共系の医師が量産されている。

占領軍のなかのGS勢力は朝鮮戦争（1950年）を契機に一掃された。しかしGSグループが日共を通じて植えつけた「日本弱体化」のための左翼人脈はその後も根を張り生き続けている。具体的には日共や旧社会党左派を源流とした立憲民主党などの左翼政党、日共系の全国労働組合総連合に代表される左翼労組、日本学術会議を中心とした左翼学者や左翼評論家、新劇劇団を中心とした左翼芸能人、朝日新聞、毎日新聞、東京新聞、共同通信などに潜入している左翼マスコミ職員（記者や経営陣）などである。

今日、日本の左翼の「顧客」は中国、ロシア、北朝鮮である。この3カ国が「日本弱体化政策」

の基本戦略にしているのが「分断工作」である。「分断工作」とは分割統治（divide and rule）と呼ばれる統治手法である。分割統治とは、支配者が統治を行うにあたり、被支配者を分断し、対立抗争させることで統治を容易にする手法である。この手法により被支配者同士を争わせ、統治者に矛先（反抗のベクトル）が向かうことを避けることができる。

アメリカはもとより、中国、ロシア、北朝鮮は日本国民が一致団結し「強力な国」にならないよう、「教育」と「マスコミ」などを活用し、国民世論を分断・分裂させ、互いに対立・闘争させることに成功している。

教育の世界では、日教組とメディアが手を組んでアメリカのケーディスが下賜した憲法を「不磨の大典」にし、「自分の国は自分で守る」ことを否定し、自衛隊のことを「憲法違反の殺人集団」とまで言い募っている。

また左翼は、日本の〝軸〟である天皇制について国民の考えを分断・対立させようとしていることも歴然たる事実である。

中国、ロシア、北朝鮮は、政権転覆を目的に、合法組織の「労働組合」を隠れ蓑として、巧妙な対日工作——諜報（スパイ）煽動工作や反政府運動——を繰り返し、革命を扇動している》

福田氏が指摘する通り、我が国は当初アメリカが扶植した日本共産党を中核とした左翼勢力により３四半世紀にわたりに蝕まれてきた。その様は、日本国内に「反日勢力が盤踞する状態」である。

言葉を換えれば、日本は病魔に蝕まれ、心も肉体も「半病人」という状態ではないだろうか。この「半病人」の体内において病状をさらに悪化させる「スパイ」は自由気ままに活動できる状態なのである。

日本を蝕むのは左翼だけではない。最近明らかになった統一教会（世界平和統一家庭連合）も左翼と似たような構図である。統一教会は日本の信者を〝食い物〟にして、信者の尊い金銭を巻き上げ、韓国や北朝鮮に送金していた。韓国への送金は、最盛期、推計年100億円ともいわれる。

創価学会・公明党も我が国の防衛体制強化（憲法改正や自衛隊の戦力増強）には「与党」の立場を利用して常にブレーキをかけ続けている。その本音は中国の意図を忖度しているからだというのが大方の見方だ。

日本インテリジェンスの再興（情報体制の強化策）その1
――安全保障の見地から「左翼勢力」に対する適切な対応・処置を

ここに取り上げる内容は本来「第9章　日本インテリジェンスの再興（情報体制の強化策）についての私見」で書くことであるが、前項の「敗戦直後から左翼に蝕まれてしまった日本」との関連で、ここで説明した方が読者が理解しやすいと考え、ここで述べさせていただく。

そもそも我が国の政界（国政と地方政治）の共産党、立憲民主党、公明党などは中国や北朝鮮とかかわりが深いとみられる。特に暴力革命を志向する共産党は、かつてのソ連・現在のロシアや中国とかかわりがあるとみるのが自然であろう。

旧社会党左派を源流とした立憲民主党のなかには、中国とのかかわりが強いとみられるR議員や北朝鮮とのかかわりが強いT議員など、中国や北朝鮮にシンパシーを持つ議員が多いといわれる。また、公明党（事実上創価学会の政治団体）は親中派であることは疑いなく、「中国の傀儡《かいらい》政党」とまで酷評する向きもいるくらいだ。公明党は巧妙にも選挙を通じて自民党の弱みを握り、「与党」の地位を手中に収めている。公明党は中国・習近平の顔色を忖度してか、我が国の防衛体制強化（憲法改正や自衛隊の戦力増強）には、さながら与党のなかの「獅子身中の虫」のように、常にブレーキをかけ続けている。

政界だけではない。福田博幸氏が著した『日本の赤い霧　極左労働組織の日本破壊工作』（清談社）によれば、「左翼」勢力は左翼政党のほかに、日本共産党系の全国労働組合総連合（組合員数55万人）に代表される左翼労組、日本学術会議を中心とした左翼学者や左翼評論家、新劇劇団を中心とした左翼芸能人、朝日新聞、毎日新聞、東京新聞、共同通信などに潜入している左翼マスコミ職員（記者や経営陣）などが加わる。

我が国が、台湾有事や朝鮮半島有事に巻き込まれれば、これらの左翼陣営に属する左翼活動家・組織は、①スパイの密入国の援助、②隠れ家の提供、③カモフラージュ（成りすまし（背乗り））支援、④スパイ活動（情報収集、浸透、情報源（エージェント）の発掘、各種工作（テロ・破壊活動など）の支援、⑤逃亡の支援、⑥逮捕後の裁判支援など、スパイに対して手厚いサポートができる。台湾有事や朝鮮半島有事に臨み、これら左翼の「利敵行為」をどう阻止するかは「難問中の難問」だ。

後で「日本インテリジェンスの再興（情報体制の強化策）その2　セキュリティ・サービスの抜本的な強化を」でも触れるが、本件は思想の自由、宗教の自由、言論の自由、集会・結社の自由、居住・移転の自由、信書の秘密、住居の不可侵など基本的人権と深くかかわる問題で、簡単に解決はできない。しかし、我が国の安全保障にとっては死活的な問題であり、避けて通ることはできない。

本件問題の解決には、警察庁などにおいて事前に十分に研究・準備すべきであろう。

◆『孫子』の著者孫武（紀元前500年頃に活動）を輩出した中国

古今東西の軍事理論書のうち、『孫子』は最も著名なものの一つである。『孫子』は中国の治乱興亡の歴史に裏打ちされており、今も色あせない兵法書の最重要な古典だ。

『孫子』は全13篇からなり、兵法（戦争観、戦略、戦闘の技法など）について多角的に分析し記述している。『孫子』は全13篇の最後の「用間篇」でインテリジェンスの重要性を説き、スパイについて詳述している。ちなみに「間」とは間諜、すなわちスパイを指す。『孫子』は２５００年前の書物であるが、そこに書かれているインテリジェンスの技法は、現在も普遍的に通用する。

以下「用間篇」の現代語訳の要点と、その観点からみた今日の日本について寸評したい。

『孫子』の訓え１：数年間にわたってお互いににらみ合いを続けた二つの国は、一日の決戦で勝敗を争うのだ。だから、爵位・俸禄・褒賞を惜しんで、敵の情勢を知らないというのは、仁に欠けている主君の極みなのである。人の上に立つ将軍の器ではない。君主の補佐役としての資格もない。勝利を得る君主としての資格もない。だから、聡明な君主や賢明な将軍が、軍を動かして勝ち、戦争で成功を収められる理由は、先んじて敵の内情・情勢を知っているということにあるのである。

寸評１：『孫子』は、国家のトップである大統領や総理大臣は、敵の情勢（インテリジェンス）を獲得するのにコストを惜しむようではその資格がないことを喝破している。戦後、日本政府が、インテリジェンス体制を世界スタンダードに強化することを怠っていることは、孫子にいわせれば「仁に欠けている主君の極み」なのである。日本の総理・政府は「主君」の資格がないのは明白だ。

『孫子』の訓え２：あらかじめ敵について知っているというのは、鬼神の働きによるものではない。ほかの事柄から推測したものでもない。経験的な法則から推察できるものでもない。これは必ず人

（間諜のスパイ）の働きに頼ったものであり、その人によって敵の内情を知ることができるのである。

寸評2：孫子は、国家にとってスパイが不可欠であると指摘しているが、戦後アメリカから情報機関を解体された日本にはスパイは存在しない。国家として具備すべき「機能」が欠落している状態なのだ。

『孫子』の訓え3：間諜を用いる方法には、5種類がある。郷間、内間、反間、死間、生間である。この5種類の間諜を合わせて使って、敵に間諜がいることを知られない。これを神秘的な方法と呼び、君主にとっては宝となる。郷間というのは、敵国の村・里の人々を使うものである。内間というのは、敵国の官職にある者を使って内通させるものである。反間というのは、敵の間諜（スパイ）を引き入れて逆に利用するものである。死間というのは、偽の工作活動を起こして、仲間のスパイにその偽の工作活動を敵に告げてもらう（敵を騙すための）ものである。生間というのは、生きて還ってきてその都度、情報を報告するものである。

寸評3：今後、我が国がインテリジェンス体制を強化する際には、『孫子』が挙げた間諜（スパイ）について研究し、現代バージョンのスパイ制度を確立する必要があろう。

『孫子』の訓え4：だから、全軍のなかで間諜は最も将軍と親密であり、褒賞も間諜より多いという者はいない。その任務も最も機密性の高いものである。抜きん出た智者でなければ、間諜を使うことはできない。義理人情を備えた人でなければ間諜を使いこなすことはできない。細かな心配りや思慮がなければ、間諜から本当に役立つ情報を引き出すことができない。微妙なことであるが、どんな場合にも間諜は用いられるのである。だが、間諜の持ってきた情報がまだ誰にも知られていないはずなのに、外から同じ話が入ってきた時には、その間諜と新たに告げてきた者の双方を死刑にしてしまうのである。

寸評４：スパイを実際に上手く使いこなすのは至難の業である。スパイという複雑な立場にある人間を意のままに使うためには「スパイを使う立場＝総理や情報機関トップ」が抜群の人間力（リーダーシップ）を備えていなければならない。さもなくば、二重スパイなどの重大問題が生起することになる。

スパイは凧にたとえられるのではないか。凧はそれを揚げる人のコントロールが不可欠だ。凧をうまく操縦できなければ墜落してしまう。

筆者が韓国で防衛駐在官（公然たるスパイ）として情報活動した際に、深刻に思ったことは「外務省や防衛省が自分のスパイ活動に理解・評価を示してくれているのかどうか」であった。正直に申し上げれば「ほとんど関心を払ってくれていないのではないか」と思った次第だ。

『孫子』について述べたが、筆者がここで強調したいのは「『孫子』の著者の孫武を輩出した中国は、スパイの最先進国である」ということだ。その中国のスパイ運用は、アメリカのCIAも、ロシアのSVRも、イギリスMI6も、イスラエルのモサドも及ばないレベルにあるのではないか。

◆『超限戦』とスパイ――スパイは古来中国の得意技

『超限戦』というタイトルの「兵学書」（1999年発表）がある。これは、中国軍現役大佐の喬良と王湘穂による戦略研究の共著である。二人は、さすが『孫子』を著した孫武を輩出した民族のDNAを継承するだけあって、柔軟でスケールの大きな思考や論理の展開をしており、読む人を魅了する。

本書の内容は、欧米軍はもとより自衛隊で使用されている戦略・戦術の領域を超えたもので、古今の軍学・兵法の枠をはるかに超えるものである。その意味においては、西欧の戦略・戦術・兵法などとは非対称のものといえるだろう。

喬良と王湘穂は『超限戦』について「グローバル化と技術の総合を特徴とする21世紀の戦争は、すべての境界と限界を超えた戦争」だと位置づけ「あらゆるものが戦争の手段となり、あらゆる領域が戦場になりうる。すべての兵器と技術が組み合わされ、戦争と非戦争、軍事と非軍事、軍人と非軍人という境界がなくなる」と述べている。『超限戦』に含まれる「戦い方」として、通常戦、外交戦、国家テロ戦、諜報戦、金融戦、ネットワーク戦、法律戦、心理戦、メディア戦など25種類を挙げている。

さらに、二人は「『超限戦』においては、目的達成のためには手段を選ばず、徹底的にマキャベリになりきることだ」としている。そのためには「倫理基準を超え、タブーを脱し、手段選択の自由を得なければならない」と説いている。

ちなみに、中国は2003年に「中国人民解放軍政治工作条例」を改正し「三戦」と呼ばれる「輿論戦」「心理戦」及び「法律戦」の展開を政治工作に追加した。これらはいずれも、前述の「超限戦」のなかに包含される。すなわち、中国政府は「超限戦」を中国の戦略・戦術として採用しているのだ。

筆者は、現代の戦いで『超限戦』の〝尖兵（ほかに先駆けて物事に取り組む人）〟の役割を担うのがスパイだと思う。スパイ一人の力は侮れない。日露戦争で明石元次郎（駐在武官という公然たるスパイ）が単身で対ロシア工作を行った。明石は、不平党（反政府党）を一枚岩にまとめ「反ロシア政府・皇帝」に向けて四分五裂したベクトルを結集し、その運動・破壊エネルギーを統合・強化した。

明石は、帰国後に成果報告書として書いた『落花流水』のなかで、ロシア国内の不平党（反政府党）について「ロシア革命社会党、ロシア民権社会党（レーニンもいた）、ロシア自由党、ブンド党、アルメニア党、『ゲオルギー』党、レットン党、フィンランド憲法党、フィンランド過激反攻党、ポーランド国民党、ポーランド社会党、ポーランド進歩党、小ロシア党、白ロシア党、ガボン党（『血の日曜日事件』のガボン神父を戴いた党）の15個のほか、ロシア政府に反抗の意を抱いているものはそのほかにもタタール人種、回教徒、旧教、小党小民族などがいて、これらを詳細に説明するのは難しい」と述べている。

明石は、2回の会議を実現することで、これら不平党のセクショナリズムを排除したほか、資金を提供することで、ロシア全国で労働者のストライキ・騒乱を惹起させた。第1回目の会議は、1904年10月にパリで実施された。

会議の効果はすぐに現れた。ポーランド社会党は労働者のストライキを指導し、それを鎮圧しようとした憲兵隊、軍隊と衝突した。これが、抵抗運動のいわば引き金となり、全国に騒乱が燃え拡がった。ロシア革命社会党はキエフ、オデッサ、モスクワの各都市でデモ行動を指揮し、さらに大学生を扇動して騒乱を拡大した。ロシア自由党も州郡会、代言人会、医師会の集会を催し、政府を攻撃し、言論によって激しい揺さぶりをかけた。コーカサス地方では、官吏の暗殺が1日に10件を数えた。ここに至って、パリ会議には参加しなかったロシア民権社会党も工場労働者にストを呼び掛けた。

圧巻は「血の日曜日事件」であろう。1905年1月9日、首都サンクトペテルブルクでガボン神父率いる労働者約6万人が、皇宮へ平和的な請願行進をしている最中、政府当局に動員された軍隊が発砲し、1000人以上の死傷者を出した。これが、ロシア第一革命のきっかけとなった。この事件は、ロシア皇帝を震え上がらせ、ロシア政府の威信失墜を内外に印象づけた。

これらの反ロシア政府騒乱は、ロシア軍の満州増援を阻んだ。これにより、旅順攻囲戦（1904年8月19日～1905年1月1日）、黒溝台会戦（1905年1月）、奉天会戦（1905年3月）において、満州軍の戦いに大きなプラスの影響を与えたことは明らかだ。

明石の功績については、参謀次長長岡外史が「明石の活躍は陸軍10個師団に相当する」と評し、ドイツ皇帝ヴィルヘルム二世も「明石元二郎ひとりで、満州の日本軍20万人に匹敵する戦果を上げている」と称えたといわれる。

前述の『孫子』で述べた通り、スパイは古来中国の得意技である。現代戦においては「倫理基準を超え、タブーを脱し、手段選択の自由を得なければならない」という『超限戦』の条件にピッタリ合致するスパイを日本、台湾、アメリカをはじめ世界中に派遣し、情報活動のみならず、前述の超限戦を展開するうえで要所ごとにさまざまなスタイルのスパイを配置して、フルに活用しているのは疑いないところだろう。

『超限戦』の「倫理基準を超え」という条件で特に注目されるのはハニートラップであろう。中国によるハニートラップの事例は枚挙にいとまがない。インターネットで「中国ハニートラップ」と検索すると、以下に示す例のように、おびただしい量の記事がみつかる。

・上海で「かぐや姫」に溺れた海自一等海曹の末路　中国軍「ハニートラップ」の実態（PRESIDENT Online　峯村健司）
・行く先々に仲間由紀恵似の美女が…中国の諜報機関が日本人官僚を落とすために使った〝ある手口〟スパイ映画のようなハニートラップ（PRESIDENT Online　勝丸円覚）
・中国「ハニートラップ」の恐るべき実態　日本の政治家、官僚、マスコミ関係などを次々と罠にはめて乗っ取りを進める（RAPT理論＋α）

・中国美人ハニートラップにかかった朝日新聞やり手記者！　別れ話こじれて不倫暴露のメールばらまき（元木昌彦の深読み週刊誌）

これらの事案は、氷山の一角で、中国のスパイは深く静かに我が国の国家社会の中枢に浸透し、一朝有事の時は恐るべき威力を発揮することだろう。

中国が国家ぐるみで、侵略対象国家の日本、台湾、アメリカなどのアングロサクソン国家の政治家、治安機関の要人、メディア記者、さらには国連職員などを標的に「倫理基準を超える手段＝ハニートラップ」を多用している実情（ただし「氷山の一角」）が浮かび上がってくる。ハニートラップは何も男性だけが標的になるわけではない。

人間には性欲という「根源的な欲求（フロイト）」がある。性欲というニーズに応じる売春婦は、一説には「人類史上最古の職業」といわれている。同様に、性欲という「根源的な欲求」を人間の「普遍的な弱点」として、それにつけ込むハニートラップを仕掛けるスパイは「人類史上消えることのない〝罠〟」といえるだろう。

◆中国の知財窃盗のための「千人計画」が日本でも行われている

2021年1月1日付の読売新聞に「中国『千人計画』に日本人、政府が規制強化へ…研究者44

人を確認」と題する驚くべき記事（https://www.yomiuri.co.jp/politics/20201231-OYT1T50192/）が掲載された。要旨は以下の通りである（図８）。

《海外から優秀な研究者を集める中国の人材招致プロジェクト「千人計画」に、少なくとも44人の日本人研究者が関与していたことが、読売新聞の取材でわかった。日本政府から多額の研究費助成を受け取った後、中国軍に近い大学で教えていたケースもあった。政府は、経済や安全保障の重要技術が流出するのを防ぐため、政府資金を受けた研究者の海外関連活動について原則として開示を義務づける方針を固めた。

読売新聞の取材によると、千人計画への参加や表彰を受けるなどの関与を認めた研究者は24人。

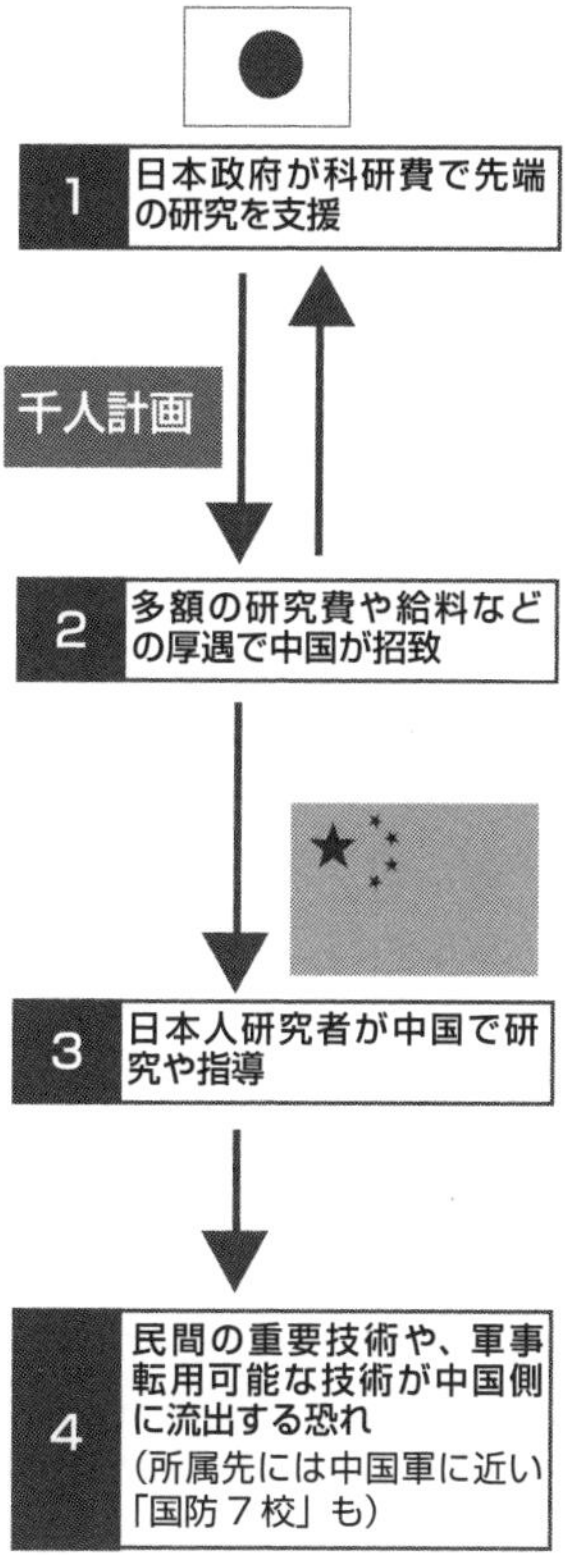
1
日本政府が科研費で先端の研究を支援
千人計画
2
多額の研究費や給料などの厚遇で中国が招致
3
日本人研究者が中国で研究や指導
4
民間の重要技術や、軍事転用可能な技術が中国側に流出する恐れ
（所属先には中国軍に近い「国防７校」も）

図８　中国の「千人計画」

このほか、大学のホームページや本人のブログなどで参加・関与を明かしている研究者も20人確認できた。

44人のうち13人は、日本の「科学研究費助成事業」（科研費）の過去10年間のそれぞれの受領額が、共同研究を含めて1億円を超えていた。文部科学省などが公開している科研費データベースによると、受領額が最も多かったのは、中国沿岸部にある大学に所属していた元教授の7億6790万円で、13人に渡った科研費の総額は約45億円に上る。

アメリカは千人計画について「機微な情報を盗み、輸出管理に違反することに報酬を与えてきた」（司法省）などとして、監視や規制、技術流出防止策を強化している。海外から一定額以上の資金を受けた研究者に情報の開示を義務づけているほか、エネルギー省は同省の予算を使う企業、大学などの関係者が外国の人材招致計画に参加することを禁止した。重要・新興技術の輸出規制の強化も検討中だ。

日本では現在、千人計画への参加などに関する政府の規制はなく、実態も把握できていない。政府はアメリカの制度などを参考に今年中に指針を設け、政府資金が投入された研究を対象に、海外の人材招致プロジェクトへの参加や外国資金受け入れの際には開示を義務づけることを検討している。

今回確認された44人の中には、中国軍に近い「国防7校」に所属していた研究者が8人いた。うち5人は、日本学術会議の元会員や元連携会員だ》

この記事を見て唖然とし、怒りを感じるのは、筆者だけではあるまい。その理由は、第一に「千人計画」に参加する少なくとも44人の日本人研究者が中国に協力・提供する技術は中国が日本に指向する兵器の開発を助けているという事実だ。「売国奴」に相当する悪行ではないか。

第二に、日本学術会議は「軍事研究禁止」を声明したが（2017年3月24日）、その一方で、5人もの同会議の元会員や元連携会員が事実上中国の軍事技術開発に加担していたことだ。

ジャーナリストの宮崎正弘正弘氏も「宮崎正弘の国際情勢解題・第6748号（2021年1月2日）」で「戦後教育と偏向報道により日本人エンジニアが中国に協力することが売国的という認識は完全に欠落している。この政治センスのなさ、国際情勢を判断できる情報力の欠如は、致命的とさえいえる。中国の軍民融合に協力することは売国奴である」と、筆者と同様の見解を示されている。

日本学術会議の改革も含め、一刻も早く、我が国が他国（中国など）に翻弄される（カモにされる）態勢を抜本的に是正することが喫緊の課題であろう。

◆サイレント・インベージョン

2018年にオーストラリアのチャールズ・スタート大学の公共倫理学部副学部長であるクライブ・ハミルトン氏は『サイレント・インベージョン～オーストラリアにおける中国の影響～』（飛鳥新社）を上梓し、中国がオーストラリアに対して戦略的な手法・規模で諜報・工作を行い、同国の政界や市民社会で中国共産党の影響力が増大し、主権が侵食されつつある現状を明らかにした。

中国は、同様の手法で対米戦略の一環としてアングロサクソン国家のカナダに対しても触手を伸ばしている。ジョン・マンソープ氏は、著書『パンダの爪』（コーモラント・ブックス）で、中国がカナダでスパイ、拉致、人権蹂躙、知的財産権窃盗を含む複数の主権侵害を行っていることを明らかにした。

中国は同様の手口で、数十年前から、同じアングロサクソン国家のニュージーランドとアメリカ・オーストラリアとの分断工作を推進してきた。その成果が現れ、ニュージーランドは反核政策の一環として、アメリカ軍の原子力・核搭載艦艇の寄港を拒否するなど、１９８０年代から反米・親中傾向を強めてきた。

ニュージーランドのヒプキンス首相は訪中し、２０２３年6月27日、習近平と首脳会談を行った。習が「中国は常にニュージーランドを友人、パートナーとみなしており、ニュージーランドとともに努力して、両国関係の新たな50年を切り開き、両国の包括的・戦略的パートナーシップの長期安定的発展を後押しすることを望んでいる」と発言したのに対し、ヒプキンス首相も「ニュージーランドは対中関係を非常に重視している。中国側と人的交流を強化し、経済・貿易、教育、科学技術、人的・文化的分野などでの協力を拡大し続け、自由貿易協定の高度化をともにしっかりと実施することを望んでいる」きわめて肯定的に応じた。

オーストラリアが従来の対中政策を変更し、厳しさを増すのとは対照的に、ニュージーランドは依然きわめて中国に対し融和的である。中国の対米戦略の一環として実施しているアングロサクソン国家間の分断が一応の成果を上げつつあるのは事実だろう。

ここで、ハミルトン氏が明らかにした、中国のサイレント・インベージョンについて紹介したい。

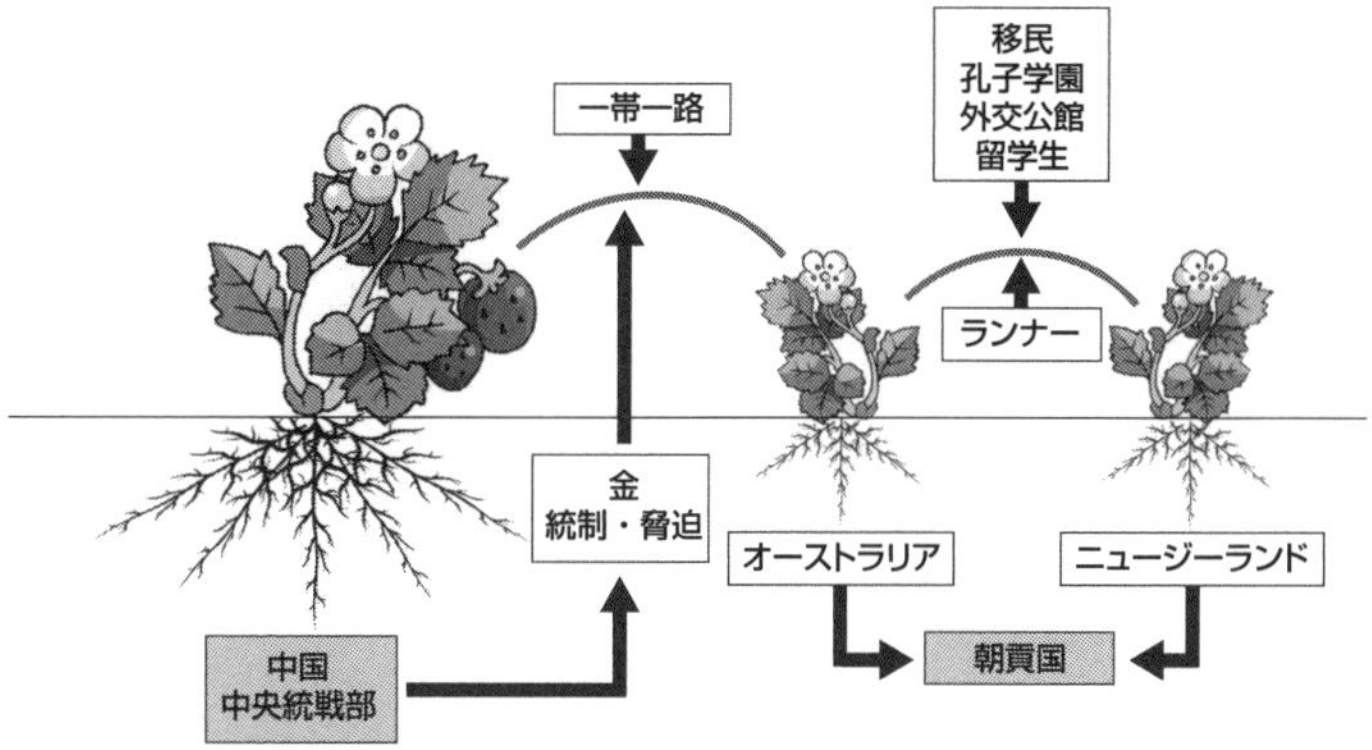

図８　中国の「イチゴ戦略」（福山私案）

図8は、中国がオーストラリアへの影響力を強化するためのサイレント・インベージョン——諜報・謀略工作——を筆者なりにわかりやすく説明するために創案した図である。オランダイチゴは、図8のように数本の長い走出枝（ランナー）を出し、それに幼植物（子苗）を増やすことで増殖する。

中国はオランダイチゴの「親株」にあたる。世界覇権を目指す中国は世界の四方八方にランナーを延ばし、自国の影響力を拡大しようとしている。究極的にはオーストラリアやニュージーランドなどを「朝貢国」にすることが目標であろう。

オランダイチゴのランナーに相当するものが「一帯一路」といわれる陸上・海上の諸外国へのアクセスルートである。サイレント・インベージョンのプランは図8に示すように、中国共産党中央委員会に属する統一戦線工作部（中央統戦部）により企画・立案・実行されている。中央統戦部は習近平の下で重要性を増しており、習は中央統戦部を「中華民族の偉大な復興における『魔法の兵器（マジック・ウエポン）』

である」と説明している。

オーストラリアは白豪主義（白人最優先主義とそれに基づく非白人への排除政策）を採っていたが、1973年に始まるホイットラム政権は、多文化主義を推進する政策を打ち出した。これにより、アジア系移民が多く流入してきた。また、ベトナム戦争の難民を受け入れたことにより、オーストラリア社会に以前から存在していたアジア系社会が拡大した。

オーストラリアの政府機関オーストラリア統計局が行った2016年の国勢調査によると、同国に住んでいる中国人（中国に先祖を持つ2世、3世中国人を含む）は120万人だったが、2018年2月のデータによれば、130万人を超えていると推測さる。オーストラリアの人口は2018年6月の時点で2499万2400人なので、総人口に対する中国人の割合は5・2%で、20人に1人が中国人だ。中国のオーストラリアに対する影響力を強化するための工作は、次のようなものである。

第一は「黒い金」による工作。中国共産党の「代理人」は、政治資金を通じてオーストラリアの政治を操作することを企てている。中国は、中国系企業や帰化もしくは居住許可（resident permit）を持った中国系の移民を使嗾して与野党双方へ多額の政治献金をさせ、これによりオーストラリアの対外政策を中国共産党の方針に沿った方向へと誘導しようとしている。外国人による政治献金は禁止されているのだが、もはやオーストラリア人となってしまった「中国系」の企業や個人からの献金は止められない。中国は、オーストラリアの政治家や政党の指導層に対して中国への接待旅行やさまざまな利益供与を行うことにより、彼らの首根っこを押さえている。

　この手法は、イスラエルが在米イスラエル・ロビーを使ってアメリカの上・下院議員（大統領候補を含む）に政治献金し、アメリカの国益よりもイスラエルの利益を重視する政策をとるように誘導しているのと似ている（『イスラエル・ロビーとアメリカの外交政策』ジョン・J・ミアシャイマー他、講談社、２００７年）。

　第二は、戦略としての人的交流（移民、留学生、観光客）である。ここでは、留学生を使嗾した影響力の行使について述べよう。大学の存続・維持のために、中国からの留学生に依存するようになった大学にはもはや「学問の自由」なるものは存在しないようだ。マジョリティではないにせよ、無視しがたいマイノリティとなった中国人留学生はやりたい放題で、オーストラリアの「多文化主義政策」を逆手にとって、大学運営やカリキュラムの内容にまで干渉する。

　中国人留学生は、公海の自由にかかわる問題、東シナ海の島をめぐる国境問題、チベット問題、中国の人権問題などに関して、まさに中国共産党の公式見解を前面に押し出し、オーストラリア人学生に自説を押しつける。もはや開かれた自由な議論は封じ込められている。

　このような工作を習近平の中国共産党が強力に指揮・統制していることは事実だ。中国共産党は在外公館（大使館・総領事館）を通じて中国人留学生を完全に組織化するとともに「孔子学院」を宣伝機関として活用している。

　第三は、知財窃盗である。ここ30年の大量の中国人留学生導入の結果、中国系の人物が教授陣に多数存在しており、これらのかなりの部分が中国共産党や人民解放軍（PLA）がらみの中国軍需企業と密接な関係を結んでいるという。オーストラリアでの最先端の科学技術の開発には大学やシンクタンクがかかわっており、そこではこれらの中国系の教授が中心となり、オーストラリア政府からの補助金を直接受け取ったり、開発プロジェクト自体をPLAがらみの中国企業との合弁というかたちをとることにより、そこでの開発成果はすべてPLAに流出するように仕組んでいる。このストーリーは何だか、日本で騒がれている日本学術会議の話に似ているではないか。

中国のこの工作のやり方は、『超限戦』に基づくものではないだろうか。超限戦とは、すでに説明したように「限界・限定を超えた戦争」というもので、従来のミサイルや軍艦、戦車や戦闘機などを使う「通常戦」だけでなく、経済・文化・法律などの垣根を超えた諜報・謀略・工作を駆使して、敵に攻撃を加えて屈服させる手法である。

ハミルトン氏は同著の「日本語版へのまえがき」で中国の対日工作についても次のように述べている。

《北京の世界戦略における第一の狙いは、アメリカの持つ同盟関係の解体である。その意味において、日本とオーストラリアは、インド太平洋地域における最大のターゲットとなる。北京は日本をアメリカから引き離すためにあらゆる手段を使っている。（中略）主に中国が使っている最大の武器は、貿易と投資だ。中国は、他国との経済依存状態を使って、政治面での譲歩を迫っているのだ。すでに日本には、北京の機嫌を損なわないようにすることが唯一の目的になった財界の強力な権益が存在する。（中略）北京は、増加する中国人観光客や海外の大学に留学している中国人学生たちを通じた人的な交流さえも「武器」として使っており、中国に依存した旅行会社や大学を、自分たちのために働くロビー団体にしている。（中略）日本では、数千人にも上る中国共産党のエージェントが活動している。彼らはスパイ活動や影響工作、そして統一戦線活動に従事しており、日本の政府機関の独立性を損ね、北京が地域を支配するために行っている工作に対抗する力を弱めようとしているのだ》

ハミルトン氏が指摘するように、日本はオーストラリアに伸びる中国の諜報・謀略工作の魔手を「他人事」とみているわけにはいかないのだ。現下の厳しい米中覇権争いのなかでは、中国の対日工作が一層熾烈になることが予想される。我が国の情報体制の強化――「日本インテリジェンスの再興」――が求められる所以である。

◆中国が「海外警察署」を運営

筆者は〝ある時〟〝ある友人〟と五島列島最北端の宇久島に里帰りした。友人は中国人の友人（K氏）をこの旅行に同行していた。せっかくの里帰りの旅だったのに、中国に対して警戒心が人一倍強い筆者は、K氏とどう向き合うべきか悩んでいた。宇久島に到着した日、旅館での夕食の後、コー

ヒーを飲みながら三人で歓談した。K氏曰く、

「福山さん、私はこの海に囲まれた宇久島という小島に来て正直ホッとしているんですよ。今住んでいる東京は息苦しい。というのも、私たち中国人は母国を離れても自由ではありません。〝見えない目〟で常に監視されているのです。決して、迂闊に習近平の悪口など言えません。中国の逆鱗に触れる発言などをすれば、強制的に中国に連れ戻される恐れがあります。私は、中国にファミリーがいますが、ファミリーが〝人質〟にされているのです。

中国の監視の目も宇久島までは届かないでしょう。私たち三人だけなので、本音の話をします。私は習近平が大嫌いです。徹底的に嫌いです。私だけではありません、中国の大多数の人たちは習近平が大嫌いです。

習近平の誤った路線・政策で、日本やアメリカとの外交関係が悪化し、中国の経済発展は停滞しはじめ、国民に対する監視が厳しくなり、不自由を強いられるようになりました。一刻も早く辞めてもらいたい、というのが大方の国民の本音です。

厳しい国民監視体制のなか、誰もそんな本音は言えません。それが、中国国内のみならずこの日本や欧米などにおいてさえもそうなのですから」

筆者は、この話を聞いた時点では、K氏の発言の真意を十分に理解することはできなかった。そ

の後、勉強してみて、Ｋ氏の発言の背景がだんだんとわかるようになった。以下に述べることが、Ｋ氏が本音を漏らした背景であると思われる。

２０２１年11月30日、スペインを拠点とする人権ＮＧＯ「セーフガード・ディフェンダーズ」は「中国の警察が世界50カ国以上で１０２カ所にのぼる出先事務所を開設し、２０１６～２０１９年の間に台湾人６００人以上が、海外で逮捕され、中国に強制送還されていた」という内容の報告書を発表した。

これについては、ＣＮＮも２０２２年12月、中国のいわゆる「海外警察署」に関する最新の報告書を入手し「中国が世界各地に海外警察署を１００カ所以上開設していることが判明した」と報じた。「海外警察署」は亡命した中国人の監視やいやがらせ、送還などを目的に設置していると報じている。

スペインの人権ＮＧＯによれば、中国当局は拘束すべきだと判断した対象者については、本国の家族を脅迫するなどして強制帰国させる「キツネ狩り」作戦を展開しているという。「キツネ狩り」作戦とは海外に逃亡した汚職官僚を追跡し、中国に連れ戻すというもの。相手国への通告はおろか、法律も守らず、勝手に捜査することが問題視されている。

元産経新聞中国総局特派員で中国問題を研究する一般社団法人「新外交フォーラム」代表理事の野口東秀氏も、こうした中国による監視体制構築のルーツは、習近平体制が発足した２０１２年以降から始まった「キツネ狩り」作戦にあるという。

産経新聞論説副委員長・佐々木類氏の「スパイだよ、スパイ」と題する2023年4月22日付の記事によれば、中国政府に批判的な海外にいる中国人を監視・追跡する日本国内の拠点とされている会社の代表は「スパイ行為をしていたのは、自分（会社の代表）ではなく会社の元同僚で人民解放軍出身の男だ」と証言したという。

男は華僑を中心とした親睦団体を拠点に、在日中国人留学生や一般の在日中国人らとの交流を装いながら、優秀な中国人留学生を共産党に入党させるためのリクルートや、民主活動家らの監視・追跡も行っていた。同社代表は、肝心の「スパイ行為」については「詳しくは知らない」と言葉を濁したという。

スパイとは「ひそかに相手の陣営に入り込み、相手方の機密情報を探り出すこと」という定義がある。このいわゆる「中国の海外警察署」の署員も「ひそかに日本に入り込み、日本に住んでいる中国人たちの言動（いわば個人の秘密情報）を探り出し、本国への強制送還という懲罰までも行っている」ことを鑑みれば、彼らは紛れもないスパイ活動を行っているわけである。

日本政府は毅然として中国の違法行為を拒止すべきである。

第6章　筆者自身に対する中国のアプローチ

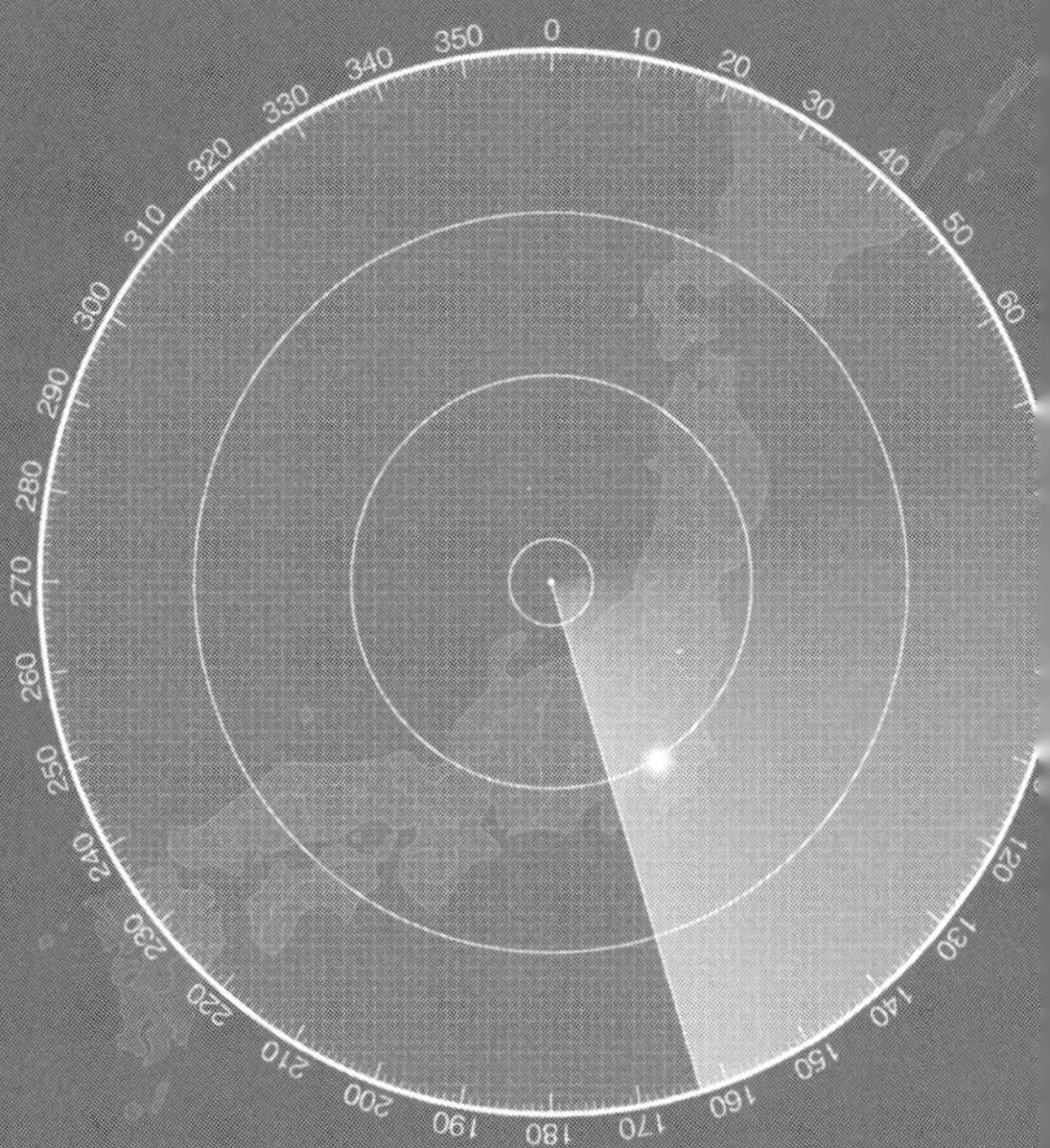

◆某新聞記者からの中国講演の誘い

某新聞の記者から、中国で講演することを勧められた。彼曰く、

「福山さん、中国で講演しませんか。しかも一回ではなく、中国のあちこちで。テーマは福山さん専門の軍事・安全保障や朝鮮半島問題などなんでも結構です。また、中国の軍事専門家との交流もあります。もちろん旅費は中国側が全面負担し、高額の講演料も支払うということです。中国側の窓口は社会科学院が担当します。是非ともお願いします」

この誘いは、筆者が2005年3月に自衛官を定年退職し、ハーバード大学アジアセンターの上級客員研究員を2年間務め、帰国してしばらくしてからの話だった。筆者が某記者の誘いに興味を持ったのは事実だった。とはいえ、日本にとって中国は「仮想敵国」であり、現役時代には中国に行くことなどありえない話だった。

筆者は、某記者に「1週間ほど待ってください」と答え、別れた。その後「中国に行くべきか、行かざるべきか」真剣に考えた。現役時代、中国は「絶対に行ってはならない国」だったが「OBになると、事情は少し変わるのではないか?」とも思った。事実「中国政経懇談会」(中政懇)の企画で自衛官を退官した陸・海・空の将官OBのなかから毎年5~8名が中国からの招待で訪中し

ているのだ。１９７６年、当時、日中貿易を行っていた「日中友好元軍人の会」会長・後藤節郎（陸士60期）が「日中友好協会」の秘書長・孫平化の指示を受けて工作を行った。

後藤が会長をしていた「日中友好元軍人の会」は、終戦後中共軍の捕虜となり、洗脳されて中国共産党の協力者に仕立て上げられた日本軍人（エージェント）によって組織された中国共産党の「対日工作」組織であった。

１９７６年10月、後藤は「三岡訪中団」（三岡健次郎元陸将ら５名）を編成して訪中させることに成功した。訪中団は最大級の歓待を受けた。これに感銘を受けた「三岡訪中団」は、帰国後「中国政経懇談会」（中政懇）を発足させ、三岡が代表幹事、後藤が事務局長に就任した。１９７７年に中政懇の第１回訪中団が派遣されて以来、１９９８年を除き毎年訪中団が派遣されている。中国の対日・対自衛隊工作が成功した典型的な例だ。

筆者の同期生も中政懇で訪中した。筆者の心のなかはこの中政懇の訪中を〝言い訳〟として訪中してみようという思いがあった。自衛隊で防衛駐在官、陸幕調査部第２課長、情報本部初代画像部長など情報に因むポストにいた筆者は、中国について強い興味を持ち「一度自分の目で中国の実情を確かめたい」という願望を持っていた。

一方で、中国訪問を否む心もあった。某記者からの誘いを受け「中国は、私に目をつけているのかもしれない」と思った。第４章の「ハニートラップ体験記」で書いたが、筆者はハーバード大学アジアセンターの上級客員研究員時代に、公開講座（Extension School）の英語教育（約６カ月間）

で知り合った中国人女子留学生（オードリーヘップバーンに似た美人）の「ケイ・ティ」から写真をたくさん撮られ、接近された経緯があり、中国当局は筆者に目をつけている可能性があると思った。

某記者は中国講演を勧める以前にも筆者を「左翼陣営」に誘おうとした経緯があった。筆者はある人の紹介で「日本文化チャンネル桜」（テレビ番組制作・動画配信サイト運営会社）に出演するようになった。某記者はそれについてこういった。

「福山さん、チャンネル桜はあまりに〝右〟に偏ったメディアですよ。チャンネル桜に出ている限り朝日新聞や毎日新聞のコメンテイターになることは絶対になくなりますよ。出ないことをお勧めします」

某記者のさらなる「左翼陣営」への誘いは続いた。彼は筆者と防衛庁キャリア官僚OBのY氏の会食をセットしてくれた（結局、経費は全額筆者が持つ始末だった）。この会食は筆者が望んで某記者に依頼したものではなかった。

Y氏は防衛官僚で運用局長、人事教育局長、官房長などを歴任したが、退官後は豹変した。同氏は「集団的自衛権を考える超党派の議員と市民の勉強会」に講師として出席し、集団的自衛権をめぐるアメリカ、アジアの動きを解説し、安倍内閣が閣議決定で集団的自衛権の行使を容認できるよう憲法解釈を変更しようとしていることを批判するなど、自身がそれまで推進してきた自民党政権・防衛省の政策を厳しく批判するようになった。

Y氏は守屋武昌氏（防衛庁事務次官）と事務次官レースのライバルだった。筆者は情報本部画像部長以来、同副本部長だった守屋氏とは親密な間柄だった。そのことは、Y氏と某記者は十分に承知のはずだった。

某記者はそのことを承知のうえで左翼路線に転じたY氏と筆者をつなごうとしたのではなかろうか。左翼メディアにとって便利なコメンテーターとなりうる自衛隊将官OBや文官OBは〝使い勝手が良い〟に決まっている。

このような経緯から考えれば、某記者は「福山を〝左翼〟にする総仕上げ」として、中国での講演に誘ったのではなかろうか。筆者にとって、中国に行くことは単なる〝左翼〟になることにはとどまらない。死活的なシナリオが考えられた。

中政懇という手段で防衛省・自衛隊へのアクセスを確保した中国は後藤氏や三岡健次郎氏に代わる自衛隊の将官OBを求めているのは確かだろう。某記者が言ったように、講演の「報償金」によって筆者は縛りを受けることになる。講演旅行の間に中国側のプロのエスコート（女性かもしれない）役は、昼間も夜も筆者と〝密接な人間関係構築〟に励むことだろう。ハニートラップを仕掛けさせるかもしれない。ハーバード大学アジアセンターの上級客員研究院時代、筆者にアクセスしてきた「ケイ・ティ」がアメリカから戻り、突然筆者の前に現れるかもしれない。筆者は、この講演を受諾すれば確実に中国の〝エージェント〟になることを覚悟しなければならないと思った。

筆者は自分が中国に行った場合のシナリオを何度も反芻しながら考え、結局、某記者の提案には乗らない決心をし、それを伝えた。その後、某記者の提案について改めて考えてみた。第一に、新聞やテレビは、会社にも記者にも中国の〝魔の手〟が伸びているのではないかと思った。日本のように防諜体制の緩い国においては、メディアは中国の諜報機関の〝魔窟〟と化す可能性が大きいのではないか。第二に、アメリカでのハニートラップと今回の中国講演の誘いをリンクして考えれば、中国は、筆者を〝一本釣り〟しようと企んでいるのではないかとさえ思った。

◆筆者の発言をリサイクルした中国メディアの姑息

2014年10月末のことだった。芝大門にある筆者の職場（エレベーター会社）に突然「明報」という香港の新聞社から電話があり、取材の申し込みがあった。筆者は「明報」がどんな新聞社なのかわからず、受けるかどうかの判断に迷い、1時間後にもう一度電話をくれるように回答した。

早速インターネットで「明報」を調べた。その結果「明報」の論調は、中立的であると評され「大公報」や「文匯報」など中国政府・共産党に近い左派紙に比べてリベラルであり「蘋果日報」などと比べるとやや保守的であることがわかった。

それまで、中国とは一切かかわりはなかったが、人一倍好奇心の強い筆者は「明報」に興味を覚え、インタビューを受けることにした。「明報」は、筆者の経歴（元陸将、インテリジェンス勤務が多い）を十分に調べたうえでのアプローチであることは当然だ。

インタビューは11月初旬に行われた。インタビューは記者１人のほかにビデオ撮影チーム（２名）で行われ、会話はすべて録画された。質問内容は軍事に関するものが主体だった。

１時間半ほどの間にさまざまな質問があった。記者は「中国国民の間では日中戦争が不可避だという認識が高まっている」とか「中国が新造した空母の遼寧を脅威だとは思わないか」といった質問をしてきた。そんななか「増強著しい中国海軍と海上自衛隊が戦ったらどちらが勝つと思いますか」――という緊張する「難問」があった。

その記者の日本語の質問はかなり挑発的だった。筆者は二つの回答を考えた。一つは「増強著しい中国海軍が有利」という回答。もう一つは「帝国海軍の伝統・経験を引き継ぎ、訓練練度が中国海軍よりも高い海上自衛隊が有利」というものだ。

海上自衛官ではない筆者だが「増強著しい中国海軍が有利」と答えれば、中国側は「それみたことか！」と増長するに違いない。筆者は瞬間的に、言葉の「戦争」を意識して中国側にパンチを食わせてやろうと考えた。そうすることが我が国の「抑止力」を高める効果があると思ったからだ。

筆者は「実際にはやってみないとわからない」と前置きしたうえで「海上自衛隊のトップクラスから聞いた話だが、弾道ミサイルなどを考慮しなければ、海上自衛隊は１週間ほどで中国海軍を全滅させられる言っていたよ」と答えた。

筆者はこのインタビューの後、その元海将に改めて確認した。同元海将は「少し前は君にそう説明した通りだ。だが、今では明報記者が言うように中国海軍の増強は著しく、海上自衛隊が勝てるという確証はないよ」と答えた。

筆者はそれを聞いても、明報記者への回答を反省する気はなかった。戦う前から「敵」に弱みをみせるのは禁物だと思った。日本の元陸将が中国海軍に対して海上自衛隊が「劣勢」であることを認めれば、中国を喜ばせ、自信を与えるだろう。それだけではない。中国当局はそのことを国内外に宣伝することだろう。

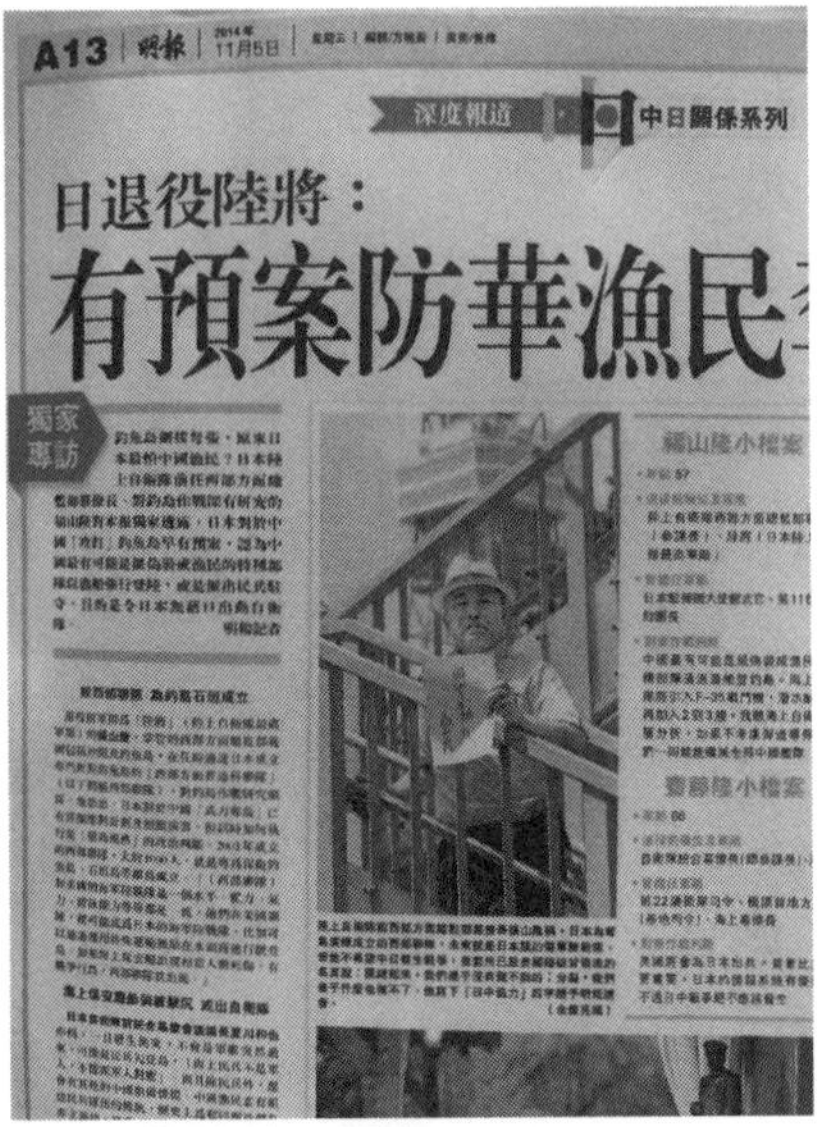
A13 明報 2014年11月5日
深度報道 中日關係系列
日退役陸將：
有預案防華漁民
獨家專訪
福山隆小檔案
齋藤隆小檔案

図９　「明報」の記事
（2014年11月5日）

「明報」からは、筆者の写真入りの記事（２０１４年11月５日付）が送られてきた。筆者が「明報」にサービスして「日中協力」と墨書した紙片を持って撮った写真が載っていた。中国語で書かれた記事の内容は理解できなかったが、中国と日本で話題になることはなかった（図９）。

だが、話はそれだけでは終わらなかった。

翌年（２０１５年）夏に、日本のメディア関係者から「福山さんは中国で有名になっていますよ。中国のテレビ局『広東衛視』が伝えたのに続き、中国のポータルサイト（巨大なサイト）にも掲載されたほか、日本語にも訳されネットニュースとして配信されています。中国のテレビで福山さんの動画をアップして、『中国軍が、弾道ミサイルなどを使用しなければ、海上自衛隊は1週間ほどで中国海軍を全滅させられる』いうフレーズ（字幕付き）を繰り返し流しているそうですよ」という話を聞いた。

筆者はその話を聞いて「1年も前に取材した記事が、今頃になってなぜテレビで取り上げられているのだろうか」と訝った。その理由は間もなくわかった。8月初旬、週刊ポストの記者からその件について取材を受けた（図10）。記者はその事情を以下のように話してくれた。

「私が中国に詳しいジャーナリストの中田秀太郎氏などから聞いた話では理由はこうです。第一の理由は、共産党への求心力を高めるためです。中国政府は〝勝利記念日〟の9月3日までは、メディアを総動員して

元陸将「自衛隊は中国軍を1週間で滅せる」発言を〝リサイクル〟した中国メディアの姑息

〝捏造〟とまではいわないが、中国メディアの「ご都合主義」には驚かされる。7月22日、福山隆・元陸将が海自上層部から聞いた話として「弾道ミサイルなどを考慮しなければ1週間で中国海軍を全滅させられる」と語ったと中国のテレビ局「広東衛視」が伝えた。中国のポータルサイトにも掲載されたほか、日本語にも訳されネットニュースとして配信。中国メディアの報道によれば、福山氏は日本が勝つ理由として自衛隊のほうが練度が高いことを挙げていたという。

この記事を見た中国ネットユーザーからは「ならば中国は日本列島を1時間以内に沈めてやる！」、「アメリカの助力がなければたいしたことないくせに」といった反発のコメントが相次いだ。

間もなくやってくる70年目の終戦の日に向け、安倍首相が出す談話が注目を集めるこの時期に、なぜそんな発言をしたのか。福山氏に真意を問うと意外な事実がわかった。

「たしかに香港紙『明報』の取材を受けてそのような発言はしました。でも昨年8月下旬のことで、11月上旬に一度記事になっている。しかしなぜ今ごろになって、しかも別の媒体が報じたのか私にもわかりません」

動画も撮影されていた（広東衛視が放送した番組）

……が高まっている」とか「中国が新造した空母の脅威だとは思わないか」といった質問をしてきた。内容がかなり挑戦的だったので、受けて立とうと思い、こちらもやりかえすような回答をした。『実際にはやってみないとわからない』と前置きしましたが、そこは切り取られたようですね」

なぜいまさら、昨年のインタビューを引っ張り出してきたのか。

「中国政府は〝勝利記念日〟の9月3日までは、メディアを総動員して日本叩きに終始する。共産党への求心力を高めるためです。その材料として福山氏の発言を引用して反日感情を煽っているのだと考えられます」（中国に詳しいジャーナリストの中田秀太郎氏）

情報統制されている中国では、発言が古いニュースだということもわからないのかもしれない。

163

図10　『週刊ポスト』の記事
（2015年8月14日号）

日本叩きに終始しますが、その材料として福山さんの発言を引用して反日感情を煽っているのだと考えられます。

第二は、中国海軍の予算を増強するためです。中国は陸軍主導の国でしたが、今海・空軍・ミサイル部隊（注：２０１５年12月31日に「第二砲兵」の名称から古代中国からロケットを意味する火箭に由来して「火箭軍（ロケット軍）」と名称変更）の増強に注力しています。中国は、接近阻止・領域拒否（Ａ２／ＡＤ）戦略を採用していますが、その中核となる手段は中国海軍とミサイル部隊です。そのための予算獲得に向け福山さんの記事を1年遅れで使っているのだと思います」

週刊ポスト誌は、筆者にインタビューした後、２０１５年8月14日発売号で「元陸将『自衛隊は中国軍を1週間で滅ぼせる』発言を〝リサイクル〟した中国メディアの姑息』と題する記事を掲載した。この記事の通り、中国当局は「明報」の記事を、中国世論を操作する道具として上手く活用したわけだ。

◆外務省ＯＢからの中国旅行の誘い

筆者は、トータル5年半に及ぶ外務省勤務を経験した。最初は、１９８１年3月に外務省北米局の日米安全保障条約課への出向を命じられ、同課で2年半勤務した。2回目は、１９９０年6月から3年間、駐韓国大使館の防衛駐在官を勤務した。

　この間、多くの外務官僚にお世話になり、知遇を得た。そのなかで、最も長く交誼を得ているのがK氏である。K氏はいわゆるチャイナ・スクール（中国語を研修言語とした外交官）に属する。人格・能力とも卓越しており、筆者は心から尊敬している。

　K氏は、当然のことながら中国にも台湾にも幅広い人脈を持っておられる。「明報」紙の記事（2014年）と、その翌年（2015年）に中国のテレビが筆者の動画を放映して「中国軍が、弾道ミサイルなどを使用しなければ、海上自衛隊は1週間ほどで中国海軍を全滅させられる」いうフレーズを繰り返し流した〝事件〟の次の年（2016年）に、K氏から中国・台湾旅行の誘いがあった。

「福山さんはまだ台湾も中国も行ったことがないそうですね。国際情勢をウォッチしているお立場から、中国と台湾をご自分の目で観察することは意義のあることです。私が案内するので行きませんか。その際、○○商事のY氏――私の高校の先輩――も同行する予定です。Y氏は同商事で中国との取引に長期間従事し、もとより中国語はペラペラで、中国情勢にも通じ、多数の人脈を持っております。

　旅行は、当初台湾に行き、その後、船で厦門に渡り、そこから中国内を巡るという計画です。台湾人や中国人の要人と話す機会を設ける積りです。福山さんにとっては、得るものが多いと思いますよ」

筆者は、K氏の誘いに大いに興味をそそられたが、ハーバード大学アジアセンターの上級客員時代のハニートラップ体験、某新聞記者からの中国講演の誘い、「明報」紙とのかかわりの経緯などを考えれば、慎重にならざるを得なかった。筆者は即断・即答せず「少し待ってください」と答えた。

妻に相談したが、予期した通り「絶対にやめた方がよいわ」という判断だった。筆者自身真剣に考えてみた。

「チャイナスクールの外交官K氏が同行するのだ、彼と一緒なら、万が一にも中国が筆者をスパイ容疑などで逮捕することはないだろう。だが、旅行間にハニートラップを仕掛け、中国のエージェントに取り込もうとする可能性も排除できない。ハニートラップは、K氏が一緒だからといっても、安心できない。あの〝何でもあり〟の中国の出方についてはまったく油断できない。中国を旅行している間は、中国の〝手の中〟にあり、同国の諜報機関が筆者を罠にはめようと思えば何でもできるわけだ。

そもそもK氏とY氏はなぜこのタイミングで筆者を中国旅行に誘ったのだろうか。少なくともK氏は筆者を中国の諜報機関の手に売り渡すことなどありえない。そんなことを考えるだけでもK氏に失礼なことではないか。とはいえ、中国の諜報機関はK氏とY氏でさえも欺き、私を中国旅行に誘わせるように仕組んだ（仕向けた）可能性がないとはいえない」

筆者はこのように、中国旅行の是非を繰り返し繰り返し考えてみた。最終的な判断を、筆者は「第六感」に頼った。筆者は子供の頃から自分自身が超自然的な感覚――予知能力といえるかもしれない――を持っているのではないかと思う体験をしたことが何度かあった。

筆者は子供の頃夜驚症の発作に見舞われたことがある。夜驚症とは何か。医学書には「睡眠時に突然大きな悲鳴やわめき声をあげながら、目を覚ますといった睡眠障害のこと。目が覚めた後、混乱や興奮状態が一定時間続き、発汗や呼吸促進、頻脈なども伴なう。３～８歳の子供によくみられる」と書いてある。

筆者の場合、それは子供の頃の不確かな記憶だが、寝入りばなにお寺で見た地獄絵図に出てくるようなとびきり怖い夢をみて、堪らずに叫び声をあげて起き上がり夢と現《うつつ》の狭間で、猛烈に泣き喚いていた覚えがある。地獄絵図のなかのどんな怖いシーンだったのかは、目覚めてしばらくするとすぐに忘れてしまうのだった。夜なべをしていた母や祖母が驚いて、筆者の背中をなでながら「大丈夫、大丈夫」と癒してくれていたのを思い出す。

不思議なことに、筆者が夜驚症の発作に襲われたすぐ後には、隣村で火事が出て子供とおばあさんが焼け死んだり、トロール漁船に乗っていた村の青年が大怪我をするなどの事故に見舞われたものだ。祖母や母は筆者のことを「この子は先のことを予知する不思議な力のあるごたるね」と言ったものだ。

中国旅行に誘われた時も、筆者は理屈抜きに、なんだか〝胸騒ぎ〟を覚えた。本能的に「行くべきではない」と思うようになった。せっかく誘ってくれたK氏とY氏には相済まないとは思ったが台湾・中国旅行を断った。

筆者が中国旅行を断って間もなくのことだったが、2016年7月15日に鈴木英司氏が「スパイ行為をした」として、中国当局に北京で拘束された。鈴木氏は長年、中国にかかわっていて、渡航回数は200回以上になるとう。日中交流団体の代表をしていたほか、中国の大学で教えた経験もあり、中国人に多くの友人がいたという。

中国当局はそんな鈴木氏さえも「日本の情報機関に渡すため、中国の外交関係の人事や、領土問題、北朝鮮などの情報を集めていた」として、いわゆるスパイ活動にかかわったと認定したのである。

突然の拘束からおよそ7カ月後の2017年2月、鈴木氏は起訴された。その後の裁判は、中国側が違法とする「情報」と関連があるとして、非公開で行われた。証人申請はすべて却下されたという。そして、2019年5月に1審で懲役6年の実刑判決を言い渡された。判決文には、以下のように書いてあった。

《鈴木英司は日中友好人士の身分を借り、中国国内外で（人物は略）などの人と頻繁に接触し、面談などの方法を通して、我が国の対日政策とほかの外交政策、高層人士の動向、釣魚島（尖閣諸島）と防空識別圏に関連する政策措置、中朝関係などの分野の情報を尋ねてから、入手した情報を（人物は略）などの人に提供した。／この提供した内容は情報であると中華人民共和国国家保密局に認

定された／鈴木英司は間諜（スパイ）犯罪行為を実施したことを証明し、中国の国家安全に危害をもたらした》

鈴木氏は、懲役6年の実刑が確定し、北京にある刑務所に収監された。拘束されてからの4年間を差し引いた、2年近くをそこで過ごした。

２０２２年10月中旬、鈴木氏は刑期を終えて日本に帰国した。帰国後、中国当局がスパイと認定したことに対して、「当時、北朝鮮の故金日成《キムイルソン》主席の娘婿の張成沢《チャンソンテク》氏が処刑された疑いについて、韓国政府が発表していたので、中国政府の関係者に、『処刑についてどうなんですか』と聞きました。しかし、彼は『知りません』と答えました。これが、なぜ違法な情報収集にあたるのか、私には理解ができないし、憤慨しています」とＮＨＫのインタビューに答えている。

中国では、２０１４年11月1日に、第12期全国人民代表大会の常務委員会によって「反スパイ法」が制定され、即日施行された。反スパイ法が施行された翌年の２０１５年以降、日本人がスパイ行為にかかわったなどとして当局に拘束されるケースが相次いでいて、これまでに少なくとも、17人が拘束されている。このような経緯をみれば、筆者が中国旅行を断念したことは適切だったと思う。

鈴木氏の口から気になる証言があった。２０２３年4月19日のＴＢＳテレビ報道によれば、鈴木氏は「公安調査庁には大変なスパイがいます。日本でしゃべったことが筒抜けです」と語ったという。鈴木氏はその根拠として「取り調べの時に取調官から公安調査庁の職員10人分の顔写真が並んだ紙を複数枚見せられ、面識のある調査官を示すよう指示された。それも身分証明書の写真ですよ。隠してスナップ（写真）を撮ったわけではない。中国当局は氏名も把握していた」と証言したという。万一、日本の情報機関・公安調査庁の内情が中国当局に筒抜けだとすれば、これは由々しき事態である。

習近平政権は「国家の安全」を名目に統制を強めているが、その一環として、2014年に成立した「反スパイ法」の改正案が2023年全国人民代表大会（全人代、国会に相当）の常務委員会で4月26日に可決され、7月1日付で施行されている。

改正前の「反スパイ法」ではスパイ行為の対象を「外国の機関などと共謀して国家機密を盗み取ることや提供すること」などとしていたが、今回は対象を拡大し、新たに「国家の安全と利益に関わる文書やデータ、資料」なども加え、強化した。ところが、肝心の「国家の安全」が何なのかについては、具体的な定義はなく、あいまいなままである。

中国は「法治国家」ではなく「人治国家」だといわれる。それゆえ「反スパイ法」の運用は、習近平・共産党政権により恣意的になされる恐れが強い。そのことは、鈴木英司氏が拘束された例をみれば明らかである。中国当局の〝ご都合〟によって〝何でもあり〟と考えた方が無難であろう。

改正「反スパイ法」は日本や欧米などを意識したものでもあるため、中国に進出する外国企業などの間では、一般的な営業活動や情報収集が、ある日突然、当局の恣意的な判断によって摘発の対象されかねないなどと懸念が強まっていて、今後、企業活動が萎縮する可能性も指摘されている。

改正「反スパイ法」は密告を奨励している。同法は、中国の国民に対し「スパイ活動の摘発に協力」することを義務化し、情報提供のための窓口も設置するとしたほか、重大な貢献が認められた場合は表彰や報奨も与えるとしている。こうした密告の奨励によって、中国社会は人々が相互監視を強めていくことになろう。

中国のデジタル技術事情に詳しい倉澤治雄氏によれば、中国は「反スパイ法」で密告を奨励するほかに「超監視社会」と呼ばれる情報技術（Information Technology）を活用した監視システムを構築しているという（https://president.jp/articles/-/35799）。その監視システムは、全国民14億人を1秒で特定できるという。

同監視システムは、都市部を中心に配備されている「天網《てんもう》」と農村部で村民が共同運用する「雪《せつ》亮《りょう》」という二つのシステムで中国全土をカバーする。「天網」は英語で「スカイネット」と呼ばれ、2020年を目標に整備を進めてきた。すでに1億7600万台の顔認証機能つき監視カメラが配備され、2020年までに6億2600万台に増強する計画だという。

このように、中国では国民のみならず中国在住の外国人も「人の目」と「ＩＴの目」により、常時監視されることになる。何と窮屈・不自由な社会だろうか。

習近平政権はなぜ監視・統制体制の強化を図るのだろうか。習近平・共産党政権は「中国共産党の一党支配（独裁体制）の護持」を至高の目標としている。習近平・共産党政権にとっての脅威は軍事のみではない。欧米による情報戦・思想戦（工作）も深刻な脅威なのだ。

そのことは北朝鮮をみればわかる。北朝鮮は建国以来、日韓や欧米からの情報・文化などを遮断する「鎖国」を続けている。その理由は、アメリカ軍や韓国軍の脅威のみならず日韓や欧米からの情報・文化が人民に流布することは、〝金王朝〟体制を崩壊させる重大な脅威であることを知悉しているからだ。

習近平・共産党政権は世界資本主義陣営との貿易（物流）抜きには経済発展は望めない。したがって、北朝鮮のように日本や欧米からの情報・思想や人の移動の完全な遮断は不可能である。中国の「共産党の一党支配（独裁体制）の護持」のためには「人の目」と「ＩＴの目」を使うとともに「反スパイ法」を恣意的に運用せざるを得ないのではないだろうか。

中国による「監視の目」は国内に止まらない。前述のように、スペインを拠点とする人権ＮＧＯ「セーフガード・ディフェンダーズ」は「中国の警察が世界50カ国以上・１０２カ所にのぼる出先事務所を開設している」と発表した。同報告書では、中国の警察当局が海外に開設した出先事務所（警察拠点）をベースに、現地に住む反体制派などの中国人に対する監視や脅迫、嫌がらせなどを行っているという。

中国が自国民を「反スパイ法」を根拠に「人の目」と「ＩＴの目」により、常時監視できる態勢を構築する様をみれば、習近平・中国共産党は「国民」という「獅子身中の虫」に対して、意外に脆弱であることを暗に認めているのではないだろうか。

第7章　最近の諜報・防諜に関する話題――
ウクライナ戦争における諜報・防諜

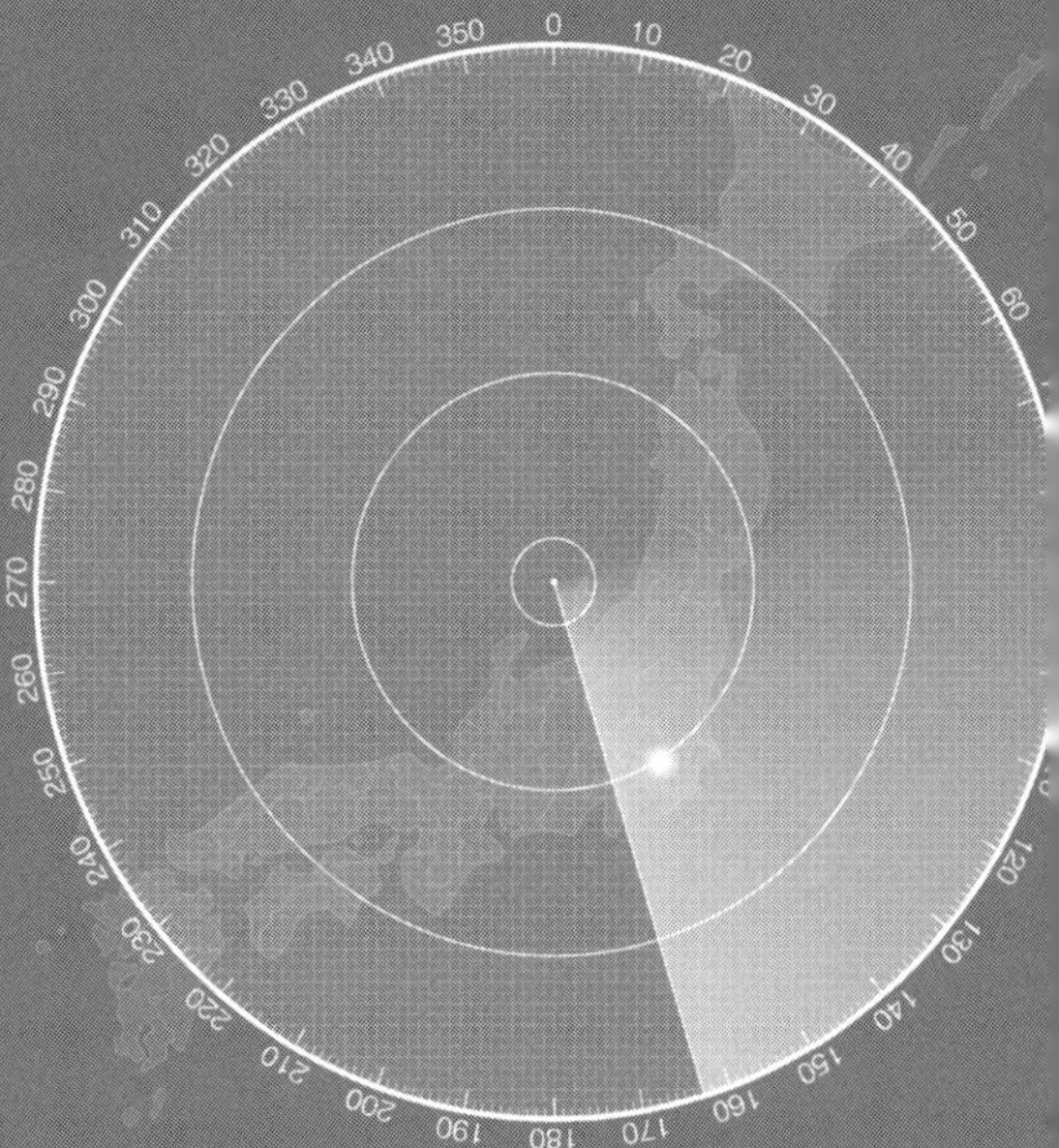

◆ウクライナ戦争におけるインテリジェンス

本章では、主として警察官僚OBである茂田忠良氏の論文『ウクライナ戦争の教訓――我が国インテリジェンス強化の方向性（改訂版）』（警察政策学会資料　第125号）を参考とさせさていただく。本章では茂田氏の同論文を参考に、ウクライナ戦争遂行のためにウクライナに提供される「アメリカの卓越したインテリジェンス能力」と「ウクライナのセキュリティ・サービス（防諜）機関のSSUの活動」について述べたい。

茂田氏は1997年1月に新設された防衛庁情報本部の初代電波部長（電波情報の収集・分析（シギント））に就任された。筆者も同本部の初代画像部長（人工衛星情報などの分析）として、草創期の情報本部の立ち上げに茂田氏と苦労をともにした間柄である。茂田氏は情報本部の初代電波部長勤務のほかに、在イスラエル日本国大使館一等書記官（1987年2月〜1990年4月）、防衛庁陸上幕僚監部調査部調査別室長（1993年8月〜1997年1月）、内閣官房内閣衛星情報センター次長（2006年7月〜2008年8月）を歴任され、いわゆる「情報畑」の実務が長い。茂田氏は退官後、日本大学総合科学研究所教授（2014年7月〜2016年3月）、次いで危機管理学部教授（2016年4月〜2022年3月）として教育に取り組まれるとともに、公務員の際に体験したインテリジェンスを改めて体系的に研究された。現在は「茂田忠良インテリジェンス研究室」というWebサイト（https://shigetatadayoshi.com/experience/）などでその研究成果を発表されている。筆者は、ウクライナ戦争におけるインテリジェンスについては、茂田氏の所論が最も的を射ていると確信し、本書においてはこれを参考とさせていただくこととした。

ウクライナ戦争は、開戦前の大方の予想に反してウクライナが善戦健闘している。その要因はさまざまであるが、一つは「ウクライナのインテリジェンス優位」であることは論を俟たないであろう。「ウクライナのインテリジェンス優位」の理由は第一にアメリカのインテリジェンス支援である。アメリカは、世界に抜きんでたインテリジェンス力を使って、ウクライナの戦争努力を全面的に支援している。あるアメリカ政府職員は「アメリカはウクライナに対し、非NATO加盟国に対する情報支援としては未曽有の大量の情報支援をしており、それが質量共により強大なロシア軍との戦いで決定的な役割を果たしている」と証言している。

第二の理由は、ウクライナ自身のインテリジェンス力であり、なかでも優秀なセキュリティ・サービス機関による貢献が光っている。セキュリティ・サービスとは、自国の支配領域（植民地を含む）のセキュリティのための諸活動である。ロシアのスパイや特殊部隊がウクライナ国内に侵入してスパイ・工作するのを阻止する役割（防諜機能）を果たす。これについては後で詳述する。

◆アメリカの卓越したインテリジェンス能力

最初に「アメリカの卓越したインテリジェンス能力」について述べる。茂田氏は、アメリカの情報能力が卓越している例証の一つとして「ロシアのウクライナ全面侵攻の予測」が正確であったことを挙げている。茂田氏はそのことについて、「ほかの多くの諸国がロシア軍の全面侵攻には懐疑的であった時点から、アメリカはそのインテリジェンス力によって全面侵攻を予測して行動していた」と述べている。茂田氏は同時に「アメリカインテリジェンスの限界」として「CIAは大統領にロシア軍は即座に勝利するだろうと報告していたという。すなわち、ロシア軍はウクライナ軍を圧倒し数日で勝利する。首都キーウの陥落は1週間以内、最長でも2週間以内。ウクライナの敗残兵ができる抵抗はせいぜい占領軍に対するゲリラ戦くらいと評価していたという」とも述べている。どのように優れたインテリジェンス機関も、パーフェクトではないのだ。

情報収集の手段としては、①新聞・テレビ、書籍・公刊資料の情報を得るオシント（OSINT：Open source Intelligence）、②人間から情報を得るヒューミント（HUMINT：Human Intelligence）、③通信や電子信号を傍受することで情報を得るシギント（SIGINT：Signals Intelligence）、④偵察衛星や偵察機によって撮影された画像から情報を得るイミント（IMINT：Imagery Intelligence）、⑤赤外線や放射能、空気中の核物質などの科学的な変化・特徴を捉える（計測する）ことにより情報を得るマシント（MASINT：Measurement and Signatures Intelligence）などがある。

アメリカの優れたインテリジェンス力を構成する諸機関と情報収集手段は、スパイで有名なCIA（ヒューミント）もあるが、ウクライナを支援するアメリカインテリジェンス手段の中核は、シギント、イミント、マシントであり、それを担うインテリジェンス機関としては、シギントの国家安全保障庁（NSA）、イミントの国家地理空間諜報庁（NGA）、マシントの国防情報局（DIA）がある。

アメリカはシギント、イミント及びマシントのそれぞれの分野で世界を覆う壮大なデータ収集網を、第二次世界大戦後から今日まで長期にわたり膨大な資金と人材を投入して構築してきた。国家安全保障庁、国家地理空間諜報庁、国防情報局が如何に巨大な情報収集力を有しているか、その収集手段を簡単にみてみよう。

●シギント収集手段

アメリカでシギント収集・分析を担うのは国家安全保障庁（NSA：National Security Agency）で、イギリス、カナダ、オーストラリア、ニュージーランドとUKUSA協定（United Kingdom-United States of America Agreement）を結成して全世界を覆うデータ収集網を構築している。本同盟は、第二次世界大戦中のシギント協力関係を発展させたもので、現在では、これらの5カ国のシギント収集機関（イギリスの政府通信本部（GCHQ）、カナダの通信保安局（CSE）、オーストラリアの信号総局（ASD）、ニュージーランドの政府通信保安局（GCSB）は一体的に運用されているとみられる。アメリカの主要なシギント収集手段は次の通りであるが、これに加え、上記のイギリス、カナダ、オーストラリア、ニュージーランドのシギント機関が収集したデータも統合して分析されている。

①「プリズム」計画（Downstream）

アメリカの情報通信企業のデータセンターから必要なデータを入手するもので、協力企業は、マイクロソフト、ヤフー、グーグル、フェイスブック、パルトーク、ユーチューブ、スカイプ、ＡＯＬ、アップルの9社である。Ｇメール、ヤフーメール、ホットメールなどにもアクセス可能である。仮に、これらのフリーメールを使用するロシア高官がいれば、ＮＳＡはそれを入手し分析できるのである。

②通信基幹回線（Upstream）

約20の計画により、世界のインターネット通信基幹回線の主要ポイントで、関係国の協力を得てあるいは関係国に秘匿して、データを収集している。２０１３年のスノーデン漏洩資料によれば、欧州ではイギリス、フランス、ドイツのほか、デンマーク、スウェーデン、ポーランドでも収集していた。現在ではウクライナでも収集している可能性がある。これによりロシア人の海外とのインターネット通信の一部は捕捉されている。

③外国通信衛星の傍受（FORNSAT）

世界の主要基地12カ所と次に述べるＳＣＳ（特別収集サービス：Special Collection Service）約40カ所で収集している。これによりロシアの衛星通信の一部は捕捉されている。

④特別収集サービス（SCS）

ＮＳＡとＣＩＡによる共同事業であり、世界のアメリカ大使館や領事館80カ所以上を拠点として収集している。モスクワ、キーウ、バクー、トビリシなど旧ソ連邦諸国にも収集拠点を設定していた。モスクワ市内の通信の一部は捕捉されている。

東京都港区赤坂にあるアメリカ大使館では、日本国内の携帯電話通信を傍受しているものと思われる。

⑤CNE（コンピュータ・ネットワーク工作）

いわゆるハッキングによる収集である。インターネット回線を通じて侵入する「遠隔侵入」と、製品供給網工作や建造物侵入などを伴う「近接侵入」の2種類がある。「近接侵入」にはアメリカ国外での作戦に従事する専門組織も存在する。侵入したシステムは２０１３年末時点ですでに10万カ所近くと推定されている。

アメリカＮＳＡをはじめとする5カ国のシギント収集機関は、ロシアに対するハッキングのみならずロシアからのハッキングを阻止するオペレーションも実施している。

これについては、『正論』２０２２年6月号での元アメリカ国家安全保障庁長官デニス・ブレア氏（元海軍大将）の貴重な証言がある。同氏によれば、ロシアのウクライナに対するサイバー攻撃は、①ウクライナ側の努力（重要な官民ネットワーク保護システムの導入）、②アメリカなどの支援国によるロシアの攻撃の無力化、③アメリカとウクライナ担当者の協力（ともにサイバー情報を収集し防衛に当たっている）により失敗しているという。

特に注目されるのは「②のロシアの攻撃の無力化」である。これについて、デニス氏は「アメリカをはじめウクライナの友好国や支援国は、ウクライナ側のサイバー防御に協力するだけではなく、ロシアのサイバー攻撃を直接無力化しています」と述べている。これは要するに、アメリカのNSAをはじめUKUSAシギント諸機関とサイバー軍が「積極防御（Active Defense）」「前進防御（Defending Forward）」を通じて、ロシアの攻撃を阻止しているということだろう。

具体的には、UKUSA加盟のシギント諸機関は、サイバー攻撃対策ですでに10年以上も前から「積極防御」に取り組んできた。「積極防御」とは、事前にサイバー攻撃してくる可能性のある脅威国・グループを解明して、攻撃を受ける前に防御対策を準備しておくものである。対策は当初は、守るべきシステムとインターネットとの結節点に事前に防御システムを設置することだったが、それでは不十分として、2018年頃からはアメリカのサイバー軍が「前進防御」に取り組みはじめた。これは脅威グループの攻撃を、インターネット空間、あるいは、敵空間（相手方のネットワーク内）において防御することである。

いずれにせよ「積極防御」を行うためには、事前に脅威グループのシステムに侵入して脅威を解明する作業が不可欠である。これはまさにNSAなどシギント機関の平常任務であり、アメリカではさらにサイバー軍もNSAと協力しているようだ。この基礎の上に立って、ウクライナ戦争勃発を契機に、アメリカのサイバー軍とＮＳＡ、ＵＫＵＳＡ加盟のシギント諸機関は、ロシア内の脅威グループによるサイバー攻撃をインターネット空間で阻止し、あるいは相手のシステムを攻撃して阻止しているのである。もとより、ロシア側はシステムを攻撃した相手方の「素性」は把握できないだろう。「積極防御」を行うためには、ロシア側の脅威グループのなかに侵入して彼らの攻撃意図や方法を事前に解明することが必須である。ＮＳＡやアメリカサイバー軍はロシアのハッカー集団のシステムをハッキングしているものと推定できる。

⑥人工衛星・航空機上によるシギント情報の収集（Overhead）

人工衛星や航空機によるシギント情報の収集は次の手段がある。

・赤道上静止衛星により飛行機やミサイルの試験・実験で使用するデータ収集用のテレメトリー電波を傍受してテレメトリー信号を収集する。携帯電話や無線通信情報も収集している。
・赤道上準静止衛星によりマイクロ波多重通信情報などを収集している。
・長楕円モルニア軌道衛星（長楕円軌道に数基の衛星を運用すれば、常に通信に好都合な天頂付近に衛星を置くことが可能となる）によりシギント情報を収集している。
・低軌道エリント衛星によりレーダー波などから艦船その他の所在地の探知を行っている。なお、アメリカの民間商用衛星企業 Hawk Eye 360 は、地上の発信電波を探知するエリント衛星を運用しているが、ロシア軍のGPSジャミング電波を探知して発信地を捕捉して公表している。この会社もアメリカ政府の勧奨を受けてウクライナを支援していると考えられる。

・NSAが運用するアメリカ空軍のRC135偵察機によりシギント情報を収集している。ウクライナ戦争では、ウクライナに隣接するポーランド、ルーマニア、黒海上空で情報収集していると報道されている。なお、イギリスもRC135を所有しシギント情報を収集しているが、2022年9月29日に黒海上空でロシア空軍機にミサイルを発射された。ロシア側は「空軍機の技術故障のため」としている。

・海軍にはEP—3E、陸軍にはRC—12やEO—5C／ARL—Mなどの各種シギント機があり、無線通信の傍受や地上レーダーの探知特定能力を有する。さらにGlobal Hawkなど無人偵察機はシギント収集機能を付加されている。

これらの収集力によって、ロシア国内の通信の一部は捕捉されている。また、レーダーを使用する軍事装備（例えば艦船、地対空ミサイル、対空機関砲）の種類と位置の捕捉が可能であるとされる。

⑦水上艦艇・潜水艦収集

アメリカは海軍の水上艦艇や攻撃型原子力潜水艦の一部にシギント収集システムを搭載して運用している。今回のウクライナ戦争では、黒海海域にはアメリカ海軍艦艇は所在していないと報道されているので、黒海では運用されていないとみられる。

⑧従来型収集（Conventional）

主としてＨＦ（短波）などの無線通信を傍受している。20世紀には、これがシギントの中心であった。

前述したシギント収集手段で収集したシギント・データの分析から何がわかるのであろうか。もちろん、その実態は極秘事項であり、公刊資料からは把握し難い。しかし、確実なのは、ロシア大統領府、ロシア軍、ロシア外務省の通信の少なくとも一部は傍受解読しているだろう。また、暗号解読（crypto-analysis）できない通信でも、通信状況分析（trafficanalysis という確立された分析手法）、あるいはエリント信号分析などの分析手法を使うことによって、ロシア軍の部隊編成や所在地、動向について、相当正確に把握できると考えて間違いない。

なお、２０１５年にウィキリークスが報じたＮＳＡ漏洩情報45から判断して、当時、アメリカのＮＳＡはフランスやドイツの大統領、首相、有力閣僚など政府高官の暗号化電話通信を傍受解読していた。また、日本の首相の動静に関しても機微な情報が捕捉されていた。このような通信傍受努力はアメリカの同盟諸国に向かっているだけではなく、当然、ロシアに対してはより強く向けられている。

プーチン大統領は、元ＫＧＢ将校であり、ウィキリークス漏洩情報は熟知しているはずであるから、プーチン自身の電話通信が傍受解読されている可能性は少ないであろうが、より低いレベルの職員ともなれば、必ず隙が生じるものである。プーチンは、それを知っているからこそ、ウクライナ全面侵攻の決断を部下に周知するのを侵攻直前まで控えたのであろうが、皮肉にも、それがロシア軍全面侵攻の準備不足をもたらしたのであろう。

●イミント収集手段

アメリカの国家イミント機関である国家地理空間諜報庁NGA（National Geospatial Intelligence Agency）は、2009年にイギリス、カナダ、オーストラリア、ニュージーランドのイミント諸機関とASG（Allied System for Geospatial Intelligence）を結成した。このASGはイミント版UKUSA同盟とでもいうべきもので、アメリカのみならず、イギリス、カナダ、オーストラリア、ニュージーランドのイミント資産も総合して運用しようとするものである。アメリカの主な収集プラットフォーム（撮影システム搭載母機）は次の通りであるが、さらにイギリス、カナダ、オーストラリア、ニュージーランドのプラットフォームからの収集データも統合して分析されているとみて間違いない。

これらの映像情報収集プラットフォームを総合的に運用することで、ロシア軍の部隊、装備や所在地について、正確な情報を把握することが可能である。

①国家衛星システム

・デジタル光学衛星KH―11シリーズ：キーホルシリーズのきわめて高解像度（30㎝以下で、地上の自動車のナンバープレートを識別できるレベルといわれている）

・レーダー衛星ONYXシリーズ：曇天、夜間でも撮像可能。ウクライナは冬季曇天が多く、またロシア軍は秘匿のため軍部隊移動に夜間を好む傾向があり、レーダー衛星の価値が高いといわれる。カナダもレーダー衛星を運用しているが、そのデータはＡＳＧの枠組でアメリカも利用していると考えられる。

②アメリカ商用衛星

・ＭＡＸＡＲ社のWorld Viewなど４機：高解像度。アメリカＮＧＡと基本契約を結んでおり、公式・非公式の撮像統制が及んでいる。純然たる民間企業というよりも、ＮＧＡの別動隊と理解すべきである。画像が市販可能なので、アメリカが同盟国と情報を共有する際に有用な媒体となっている。アメリカ国防総省の広報によればアメリカ政府の資金援助を得てウクライナ政府には無制約で提供されていると考えられる。また商用衛星画像に、国家衛星システムなどの情報分析を付加することで、より高度の分析情報を共有できる。

・ほかにPlanet Labs、BlackSky Technologyなどの新興商用衛星企業も、アメリカ政府の勧奨を受けてウクライナに協力しているものと考えられる。

③有人偵察機

・Ｕ―２偵察機（高高度戦術偵察機）及びＰ―８偵察機（対潜哨戒機）も光学画像とレーダー画

像の撮像が可能である。

④無人偵察機

・Global Hawk は光学・レーダー画像撮影のほか、シギント能力もある。
・RQ－170センチネルとRQ－180はステルス機であり、探知困難な偵察機である。
・プレデター・シリーズは無人攻撃機として有名であるが、イミント機能もある。ウクライナ戦争では、空軍のMQ－9リーパー無人攻撃機が、ウクライナに隣接するNATO諸国に配置されて、情報収集に当たっていると報道されている。

なお、NGA（国家地理空間諜報庁：National Geospatial-Intelligence Agency）長官は2022年4月25日、公開の席で、NGAはアメリカの商用画像衛星会社に対してウクライナ支援を推奨していると述べた。また、2022年3月には、NGA自体がウクライナ軍に対して、ARTEMISという名の作戦用の地理空間情報の処理システム（小型ドローンで撮った映像から敵軍部隊の正確な位置情報を地図化できる（悪天候でも可能））の使用方法の訓練を行ったことを明らかにした。

●マシント収集手段

マシントとは計測・特徴課報のことで、赤外線や放射能、空気中の核物質などの科学的な変化・特徴をとらえる（計測・分析する）ことにより位置を探知・特定する防諜活動であり、国防情報局の所掌である。その任務は、各種ミサイルの発射探知、核実験の探知、戦略原子力潜水艦・攻撃型原子力潜水艦の探知その他核戦力にかかわるものに力点がおかれてきたが、それだけに限られない。

収集手段としては、早期警戒衛星、海上ミサイル追跡艦、各種の地上レーダー、水中固定聴音機（パッシブ・ソナー）、音響観測艦、対潜水艦哨戒機など、さまざまなものがある。

ウクライナ戦争では、報道はされていないものの、ロシア軍による各種ミサイル発射は、アメリカのミサイル探知用の早期警戒システムによって、相当部分が探知され、ウクライナ軍に通報されているのではないかと推定される。

また、ウクライナに隣接するＮＡＴＯ諸国へのＥ—３早期警戒管制機（ＡＷＡＣＳ機）の配備が報道されているが、これはロシア軍航空機やミサイルの飛行捕捉に使用されていると考えられる。

以上述べたように、アメリカのインテリジェンス力が卓越している背景には、このようなシギント、イミント、マシントの総合力がある。これらインテリジェンス力の構築は、アメリカが戦後長期間にわたり膨大な資金と人材を投資してなし得たものであり、他国が一朝一夕に真似し得るものではない。

◆アメリカによるウクライナに対するインテリジェンス支援

アメリカによるウクライナに対するインテリジェンス支援について、茂田氏は、『ウクライナ戦争の教訓～我が国インテリジェンス強化の方向性～（改訂版）』（警察政策学会資料　第１２５号）のなかで、①情報提供方針・提供情報内容、②インテリジェンス支援の方法、③インテリジェンス支援の成果、④サイバー防衛支援、⑤ウクライナ支援とGive & Takeの原則について、取り上げ、詳述しているが、本書では紙幅の関係で割愛した。

◆アメリカの卓越したインテリジェンス能力をいかに活用するかが「日本インテリジェンスの再興」の重要課題

紙幅を割いてアメリカの卓越したインテリジェンス能力を紹介した目的は、本章の締め括りとして「日本インテリジェンスの再興」をいかに達成するかという課題に資するためである。前述のようなアメリカの卓越したインテリジェンス能力を如何に活用するかということが、「日本インテリジェンスの再興」にとって重要課題の一つであろう。これについては、以下、随所で詳述したい。

◆ウクライナのセキュリティ・サービス機関ＳＳＵの活動

ウクライナにはきわめて高い能力を持つセキュリティ・サービス機関のＳＳＵ（Security Service of Ukraine）が存在し、これがウクライナの戦争遂行に大きく貢献している。戦争遂行では、軍課報機関や対外諜報機関の重要性はいうまでもないが、防諜を主任務とするセキュリティ・サービス機関も重要な役割を担っている。

●ＳＳＵの概要

ＳＳＵは平時約２万７０００人、非常時３万１０００人の職員を擁するウクライナ最大のインテリジェンス機関である。主任務は防諜、国家体制擁護、テロ対策、サイバーセキュリティ対策、国家機密保持であり、アルファという特殊作戦部隊を有している。

ＳＳＵはもとはソ連ＫＧＢウクライナ支局であったが、１９９１年、ウクライナ独立に伴い、ウクライナの政府機関となった。ソ連ＫＧＢ同様広汎な業務を管轄していたが、独立後、国境警備隊、警護部、対外諜報部、特殊通信・情報保護部などがＳＳＵから分離された。

ＳＳＵは、ＫＧＢウクライナ支局であった経緯から、当初は親露派が多数を占めていた。２０１４年親露派政権の崩壊に伴いＳＳＵ長官はじめ親露派幹部の多数がロシアに亡命したが、依然多くの親露派職員が残存していた。親露派職員は事実上ロシアのスパイになりうるので、全職員に対する尋問とポリグラフ検査を反復することによって、同年末までに親露派職員200人以上を排除した。しかし、これで親露派の排除が完了できたわけではなく、親露派職員・ロシア協力者の排除はその後も継続して行われてきた。アメリカCIAは職員をSSU顧問として派遣するなどして、このロシア協力者の排除を支援してきた。

●広汎な通信傍受能力と作戦支援

ロシア軍は、2021年に作戦用の暗号通信システムERA（第3・第4世代移動通信システム）を導入したが、部品不足で必要量が生産されていないのか、今次戦争においてはこれが十分機能していないようである。そのため、民生用のHF（短波）・VHF（超短波）無線通信や携帯電話を作戦で使用している。さらに通信規律が緩く、兵士が勝手に携帯電話で故郷の家族や友人と通信をして軍事情勢について話している。

SSUは、ロシア軍のこのような通信の弱点を捕らえ、通信の傍受などに成功したようである。SSUが情報工作の一環としてWebサイトで以下のような傍受情報の成果——主として兵士の私用電話の盗聴内容——を公開している。

・ロシア連邦保安局（FSB）将校2人の電話通信：ヴィタリー・ゲラシモフ少将の戦死（2023年3月7日）を話題として、暗号通信網ERAが機能していない状況をこぼした内容（ロシア連邦保安局とは、ロシアの諜報機関でソ連時代のＫＧＢの後継機関)。
・ロシア兵士が妻と携帯電話で通信：負傷して早く帰還して報奨金をもらいたいと話している内容(厭戦気分)。
・ロシア兵士とロシア国内の友人とのテキストメッセージ(２０２３年５月24、25日)：兵站不備のための食糧不足で、犬を食べているという内容。

この通信傍受の事例からみて、ＳＳＵは、ロシア軍の無線通信や兵士の携帯電話の通話などを広汎に収集・分析して活用する能力を保持していることがわかる。広汎な傍受能力(通信回線へのアクセスを含む)は、旧ソ連ＫＧＢの伝統を引き継いでいるのであろう。

ただし、通信を広範・大量に傍受しているだけでは有効に活用できるわけではない。広範・大量に収集した通信情報はそのなかから価値ある情報を検索・抽出するソフトウェアが必要である。報道によれば、ウクライナはＡＩ音声認識技術に優れたアメリカ・プライマー社に委託して、音声データのテキスト化(音声を文字化)及びテキストから関心部分を抽出してもらい、作戦に役立てているという。あるいは、必要な情報の検索抽出ソフトウェアをアメリカＮＳＡから提供されている可能性もある。

公表された通信傍受例の背後には、非公表の通信傍受情報が大量に存在することは疑いない。ロシア軍は、作戦に関する通信も非暗号通信が多く、ウクライナは対面するロシア軍の動向に関して重要な情報を収集して、作戦に役立てているのは間違いない。

●ロシアのコンピュータ網に対するハッキング能力

以下の公表事例が示すように、SSUはロシア国内のコンピュータ網に対するハッキングも実施していることがうかがわれる。

・ロシアの連邦保安局（FSB）第5総局の内部文書（ロシア国内の世論対策に関するもの）を公表。この内部文書では、プーチンが訴えるウクライナに対する「特別作戦（ウクライナ侵攻）」の意義が、ロシア国内で、正しく理解されていないと分析した内容になっている。

・プチーンを「ロシアの守護者」として賛美する際のガイドラインを暴露。このガイドラインはロシア政府職員、芸術家やスポーツ選手が従うべき指針を定めたもので、秘匿通信回線で政府内に配信されたものを傍受したとしている。

●国民からの情報収集の組織化

SSUは、広汎な通信傍受能力を持つだけではなく、国民からの情報収集も組織化している。ウォール・ストリート・ジャーナル紙の現地取材によれば、首都キーウの郊外ではロシア軍の動向について国民からの情報収集を組織化して首都防衛戦闘に活用したというわち、キーウ東方の7号線（スイムとブロバルイの間）は、ロシア軍の東からの首都攻略部隊の主たる兵站線であり、兵員や物資の輸送路となっていた。その沿道、キーウ東方約１００㎞の村人によれば、ロシア軍の侵攻を受けた際、当初はロシア軍の動向、歩兵・砲兵・戦車の位置を警察に通報していたという。やがて、デジタル変革省がテレグラム通信アプリにチャットボックスを設置し、ロシア軍の動向情報を受信する一元的データベースを構築し、その内容はＳＳＵと自動的に共有されるようになったという。さらに、キーウ周辺では既存の行政用デジタル地図アプリを改修して、グーグル地図上にロシア軍の兵員・装備の数量と位置情報をピン止め入力してＳＳＵに送信できるようになったという。

その成果の一端は、２０２３年3月上旬、キーウ東郊のブロバルイにおけるロシア軍第90機甲師団隷下の2個連隊の戦車梯隊に対する待ち伏せ攻撃に現れている。この待ち伏せ攻撃において、対戦車ミサイルで梯隊先頭と後尾を同時に射撃・撃破し、梯隊を動けない状態にして大損害を与えたが、射撃には住民情報が決定的に重要であったという。

このように、ロシア軍の動向把握について、ウクライナ（国民）からの情報収集が広汎に行われていると考えられる。これに対抗して、ロシア軍は、占領地域においては、住民のスマートフォンを取り上げて点検し、住民を地下室に閉じ込め、さらには一部住民の拷問までが行われていると報道されている。ロシア軍の立場からすれば、これは、ウクライナ軍からの保全（防諜）のための緊急・対抗措置であろう。

●ロシア工作員・協力者の摘発

①概要

戦時には、情報収集や破壊活動のために、工作員を敵地に潜入させたりは協力者を利用しようとするのは常套手段である。ロシアは、侵攻に先立って、ウクライナの軍、ＳＳＵ、警察機関、検察機関を含む多方面に工作員・協力者（スパイ）を獲得・布石してきた。ゼレンスキー政権崩壊後に樹立予定の傀儡政権の首班候補までも2人以上準備していたとされる。

これに対抗して、敵国の工作員や協力者を摘発して戦争努力を防護するのが、ＳＳＵの重要な任務である。ＳＳＵの発表によれば、２０２２年2月の全面侵攻から5月31日までに、ロシアの工作員３６０人以上、協力者５０００人以上を摘発したとしている。また、6月8日現在では破壊活動や情報収集のための１６０グループ以上を摘発している。

なお、全面侵攻後の2月24日、戒厳令発令によって、国家反逆罪及び破壊活動の罰則が強化され、終身刑あるいは15年未満の拘禁刑となった。また、戒厳令発令4日後の28日には、ＳＳＵはロシア軍への協力は国家反逆罪に該当すると警告を発している。

国家反逆罪での検挙事例をみると、ウクライナ軍部隊の位置・動向、装備の詳細など、戦闘に必要な情報、標的情報や（ロシア軍による）攻撃効果測定情報の漏洩が多くを占めるが、ＳＳＵ将校に関する情報や高速道路上の検問所の位置など、防諜にかかわる情報漏洩の事例もある。さらに、後方治安攪乱のためのテロ・破壊活動もある。

被検挙者は「全面侵攻直前に浸透した工作員・協力者」「思想的な親露派協力者」及び「金目当ての協力者」の三つに分類されるが「金目当ての協力者」が多いという。検挙現場を同行取材したCNNの報道によれば、SSUは通信傍受によって容疑者を特定し、囮捜査によって証拠を固めて検挙に至る事例が多いという。5月中旬の検挙事例では、ロシアへの協力者はテレグラム通信アプリを通じて雇われて、報酬は標的情報（部隊の写真と位置情報）1件約500フリヴニャ（約17ドル）であった。SSUは数日の調査で検挙し、検挙現場で即座にスマートフォンを証拠品として確保している。

また、対ロシア協力者としての被検挙者のなかには、ソーシャルメディアにロシア支持のメッセージを掲載しただけの者も含まれている。

②特徴的な検挙事例の紹介

ここでは、典型的なスパイ団の検挙事例、破壊活動の阻止事例、SSU内部のロシア協力者の検挙事例、大物工作員・協力者の検挙事例、その他特徴的な検挙事例を紹介する。

(1)典型的なスパイ団の摘発

2022年7月のSSU広報によれば、ロシア軍の作戦に役立つSSUはロシア連邦軍参謀本部情報総局（GRU）のスパイ団4人を摘発した。スパイ団はキーウ、チェルニーヒウ地区担当のGRU

ドネツ大佐によって創設されたもので、首謀者はルハンスク自治共和国国家安全省の職員ティリリムであった。4人中2人が情報収集担当で、キーウ周辺の軍部隊と重要施設の位置情報やウクライナ軍将校や法執行職員の個人情報を収集していた。残り2人は親ロシアの宣伝をインターネットを通じて行っていたものである。

(2)標的情報を提供する工作員・協力者の摘発

SSUによる検挙事例では、ロシア軍の作戦に役立つ標的情報を提供する工作員や協力者の事例が最も多い。戦争中であるので、当然のことであろう。ロシア軍に標的情報を送った検挙事例として注目すべき事件のうちの数例を紹介する。

・ヤヴォリウ訓練場等の標的情報の提供者の摘発
2022年6月のSSU広報によれば、ウクライナ西部ヤヴォリウ訓練場の標的情報を提供した元KGB将校のロシア軍協力者が6月下旬に検挙された。ロシア軍は3月13日、訓練場を巡航ミサイル多数で攻撃し、死者61人負傷者147人という大きな被害を与えたが、元KGB将校はテレグラム通信アプリを使用して正確な位置情報など攻撃に必要な標的情報を送っていた。また、同じく6月下旬、首都キーウでミサイル攻撃の標的情報と効果測定情報（写真）を送っていたロシア工作員を摘発した。

・ＳＳＵ施設の標的情報の提供者の摘発

２０２２年11月のＳＳＵ広報によれば、匿名のテレグラム通信を使って標的情報を送っていた南部ミコライウ市の住民を摘発した。住民は、侵攻開始後にＳＮＳで積極的にロシアを支持する意見を発信していたところをリクルートされたものであり、逮捕時には、ロシア軍がミサイル攻撃の標的とするミコライウ市内のＳＳＵ施設の正確な座標情報を送信しようとしていた。

(3)テロや破壊活動の阻止

ウクライナ国内でロシア軍がテロや破壊活動を行うのを阻止して国内の治安を確保するのもＳＳＵの重要な任務の一つである。以下はその事例である。

・侵攻前のテロ・破壊活動の摘発

２０２２年７月のＳＳＵ広報によれば、ロシアＧＲＵの工作員がテロ・破壊活動行為によって８年の拘禁刑と財産没収の判決を受けた。この工作員は、ウクライナの西方にある沿ドニエストル共和国内を工作基地とするＧＲＵの指示を受け、定期的にウクライナを訪問していた。工作員の任務は、ロシア軍の全面侵攻に先立ち破壊活動やテロを行って、「オデーサ地方は反ウクライナ感情が強く親ロシア地下組織が存在する」という印象を作り出すことであった。そのため工作員は、2021年12月にはウクライナ軍車両への放火や英雄記念碑の破損を準備した。さらに、軍事装備やウクライナへの愛国的社会組織への攻撃を準備しようとして、1月初旬、実行者をリクルートしようとしているところを現行犯で検挙された（広報文から判断して、通信傍受などによって検挙したことが推定できる）。

・ウクライナ国防相、軍情報部長暗殺の未然防止

2022年8月のSSU広報によれば、ロシア占領地のルハンスク州の住民でGRUへの協力者は、GRUの指示に従い、ウクライナの犯罪者を金で雇って、ウクナイナ軍人を暗殺させようと企図して、ベラルーシを経由してウクライナに入ったところを犯罪者ともども検挙された。当初の暗殺は「腕試し」（テスト）であって、暗殺の本命は、ウクライナ国防相と軍情報部長で、報酬は10万ドルから15万ドルが提示されていたという。

・破壊活動の未然防止

2022年11月のSSU広報によれば、GRU協力者が、オデーサ地区の鉄道による軍需品輸送状況の情報収集を行い、鉄道爆破を計画していたところを検挙された。同人は元警察官で、侵攻当初にGRUの協力者になった。鉄道線路沿いに無線カメラを仕掛けてリアルタイムに情報収集を行い、鉄道線路爆破のためのTNT火薬や対戦車地雷を保持していた。

・特殊部隊指揮官の暗殺の阻止

2022年11月のSSU広報によれば、FSBの偵察・破壊活動グループを摘発した。彼らはF

ＳＢによってリクルートされ、首都と北東部におけるウクライナ部隊の配置や移動状況について偵察活動を行っていたが、特に軍特殊部隊の指揮官たちの個人情報と所在情報の収集に力を入れていた。ＳＳＵは彼らの活動を発見し、彼らが隠匿場所から武器（対戦車地雷、手榴弾、自動小銃）を取り出そうとしている現場で検挙した。

(4)元軍情報部次長（少将）の摘発

２０２２年８月のＳＳＵ広報によれば、ロシア軍の全面侵攻開始後、早々に元ウクライナ軍情報部副部長（少将）を拘束した。犯罪容疑は、ロシア諜報機関にウクライナの軍事情報や政治情報を提供していたことである。同少将は、２００８年から２０１０年までウクライナ軍情報部副部長を務め、その後も政府機関で勤務していたが、ソ連時代にフルンゼ軍事大学やモスクワ高級軍事指揮学校で学んだ経験から親ロシア感情を持っていた。

同少将は拘束に向かったＳＳＵの将校に対して、マカロフ軍用拳銃で射撃を行い抵抗したため、国家反逆罪、法執行職員に対する攻撃、武器の不法所持の罪名の通告を受け逮捕された。

(5)ＳＳＵ内のスパイの摘発と暴露

・オレグ・クリニッチＳＳＵクリミア州支局長

クリニッチは侵攻3時間前にクリミアのロシア軍の侵攻切迫の兆候情報を得たが、これをSSU本部に報告しなかったため、ウクライナ軍の対処準備が遅れ、ロシア軍の南部での進軍を容易にしたとされる。彼は少なくとも2019年6月以来FSBの協力者であり、SSUの内部情報を提供していた。また後述のナウモフの防諜部長就任の裏工作など、SSU内の人事に影響を与えた。2022年3月2日に解任され、7月16日に拘束された。同年7月17日、ゼレンスキー大統領は竹馬の友であったSSU長官のバカノフを突然解任したが、その一因はバカノフがクリニッチを重用するなど、SSU内のスパイ対策が不十分であったこととされている。

・セルヒィ・クリヴォルチュコSSUヘルソン州支局長

彼は、ロシアの全面侵攻に直面して、部下に無抵抗を指示したとされる。2022年3月末に解任。国家反逆罪で起訴。部下の支局幹部イゴル・サドキンは、ロシア軍に地雷原の地図などの軍事情報を提供し協力したとして、3月に逮捕されている。SSUヘルソン州支局の機能不全が、ロシア軍がヘルソン州を容易に占領した要因とみられている。

・アンドリィ・ナウモフSSU本部防諜部長

彼は、チェルノブイリ原発警備に関する機密情報を漏洩したとされる。2022年3月末に解任。ロシア軍の侵攻開始直前の2月23日に逃亡したが、6月にセルビア国境で逮捕。現金13万ドルと60万ユーロ以上と宝石エメラルド2個を所持。

(6) 政府・政治家のスパイ摘発

・内閣官房等のスパイ摘発

２０２２年６月のＳＳＵ広報によれば、ＳＳＵは内閣官房の幹部職員とウクライナ商工会議所幹部職員を逮捕した。内閣官房の幹部職員は、２０１２年ロシア旅行をした際にロシアＦＳＢによってリクルートされ、秘密情報を１件２０００ドルから１万５０００ドルで売っていた。彼は、内閣官房でアクセスできる防衛力、国境管理、治安職員の個人データなどを入手してＵＳＢメモリーで持ち出し、これをテレグラム通信アプリを使って商工会議所職員を経由してＦＳＢに提供していたものである。検挙に至る過程は公表されていないが、ＳＳＵが通信傍受能力を含めてきわめて強力な情報収集力を有することがうかがわれる。

・国会議員デルカッチの摘発

２０２２年６月のＳＳＵ広報によれば、ＳＳＵは有力政治家で国会議員のアンドリィ・デルカッチと秘書をロシアＧＲＵのスパイとして摘発した。デルカッチは２０１６年にリクルートされ、現ＧＲＵ長官イゴール・コスチュコフと副長官のウラディミール・アレクセーエフの指示を受けて働いていた。ウクライナ戦争での任務は、ロシア占領軍に協力する民間警備組織の設立であり、このため数カ月ごとに３００万～４００万ドルを受領していたとされる。ＳＳＵ広報では、デルカッチとアレクセーエフの電話通信傍受記録が開示されている。

・国会議員秘書の摘発

2022年7月のSSU広報によれば、国会議員の政策秘書をFSB協力者であるとして国家反逆罪で摘発した。政策秘書はモスクワ旅行をした際にFSB第5総局員にリクルートされ、その後第5総局幹部の指示を受け、暗号化電子通信によって情報を送っていた。FSBのスパイマスターとは第三国で会談して指示を受けていたが、報酬は情報と任務内容に応じて、月1500～4000ドルであった。

(7)ロシア軍占領地域でのロシア軍への協力者の公表と摘発

ロシア軍占領地域でロシアに積極的に協力することは犯罪になるとして、協力者を積極に公表して、警告を発している。

一例を挙げると、被占領地でロシア軍が設置したロシア「内務省ヘルソン州局」と傘下の民兵組織は住民の抵抗運動を弾圧し住民を虐待しているとして、その職員26人を特定し、彼らに対して対敵協力罪容疑を通告した（26人中14人は元ウクライナ国家警察職員）。そのうえ、幹部10人の氏名と写真をWebサイトで公表した。ロシアは占領地域の併合を視野に入れてロシア化を進めていた。公表は、これに協力する行為にブレーキをかけようとしてのことであろう。なお、ウクライナ軍は、2022年9月以降、反転攻勢を強めており、ロシア軍の占領地を奪還しつつあるが、奪還地では、住民から情報を収集して、ロシア占領当局に対する積極的協力者の特定と摘発や起訴を進めている。

以上からわかるように、ロシア諜報機関は工作員や協力者を使って、侵攻前の破壊活動、軍・インテリジェンス機関・政治家への浸透、標的情報の収集など幅広い活動を行っており、これら工作員や協力者の摘発無害化は、ウクライナにとって必須のことである。

我が国においてもウクライナの例は、有事において大いに参考になる。

●サイバー攻撃対策

ウクライナは、国家安全保障・国防会議に附置されたサイバーセキュリティ国家調整センターの統括の下、デジタル変革省、特殊通信・情報保護庁、ＳＳＵなどいくつかの組織が協力してサイバー攻撃対策に当たっている。

特殊通信・情報保護庁は、国家の通信システムを提供管理しているほか、コンピュータ緊急対応チームのＣＥＲＴ―ＵＡを設置して、サイバー攻撃事案の収集分析、サイバー攻撃防止技術の提供、セミナー開催、サイバー攻撃・脅威に対抗するための勧告など、全般的なサイバーセキュリティ対策を担当している。

これに対してＳＳＵは、主として外国諜報機関による標的型サイバー攻撃対策を担当し、通信傍受などによるアクティブなサイバーセキュリティ対策も遂行している。このためＳＳＵは、サイバーセキュリティ状況センターを設置して24時間監の視態勢で対処している。SSUのサイバー対策活動の一端を公表資料によってみてみよう。

ウクライナに対するサイバー攻撃は、ロシアでは主としてFSBとGRUが担当しており、実際の攻撃は各種ハッカー集団（APT28（Fancy Bear）、APT29（Cozy Bear）、Sandworm、Berserk Bear、Gamaredon、Vermin など）が実行している。

SSUの広報資料によれば、攻撃は開戦前から始まり、2022年1月13、14日及び2月15、16日に2波の大規模攻撃があり、さらに全面侵攻開始時前日2月23日及び当日の24日に大規模攻撃があった。全面進攻時の攻撃対象は、通信、エネルギー、運輸という重要インフラを麻痺させるため、それらの情報通信システムを狙ったものであった。また「フォックス・ブレード」という破壊的ウイルスによる政府システムに対する攻撃もあった。しかし、SSUと関係機関の迅速な対応により事なきを得たとしている。

その後も政府機関、通信事業、マスメディアなどを標的とした攻撃は続いているが、SSUのサイバーセキュリティ状況センターは24時間の監視態勢で、EU及びNATO諸国の担当者と情報交換を行いつつ対処している。

対処の成果は、全面侵攻以来6月6日までに、サイバー事案・サイバー攻撃827件を阻止または無力化したとしている。その内容としては、CCサーバーへの接続69件、侵入行為46件、弱点利用25件、マルウェア感染59件などがある。また、全面侵攻開始から10月3日までに、政府及び重要インフラ企業に対するサイバー攻撃３５００件以上を探知し無力化したとしている。このうち１６５０件の攻撃はＳＳＵのセキュリティ情報事案対処システムがリアルタイムで探知して阻止している。

主たる攻撃目標は、政府の通信システムとエネルギーと運輸部門の重要戦略企業である。９月以降ウクライナ軍が反転攻勢に転じたが、これに対抗してロシア軍は、発電所などの生活インフラへの攻撃を激化させている。インフラ攻撃では、ミサイルなどによる物理的攻撃とあわせて、サイバー攻撃が毎日10件以上と多用されているが、サイバー攻撃の多くはＳＳＵが阻止しているとしている。

またＳＳＵは、システム上でサイバーセキュリティ対策を講じているだけではなく、セキュリティ・サービスとしての特性を活かして、ウクライナ国内の現場でもロシアによるサイバー攻撃に加担している者を検挙している。検挙事例として公表されているのは、ウクライナ国内からＤＤＯＳ攻撃を行うハッカー集団の検挙、偽情報の大規模発信拠点の「ボットファーム」の検挙、親露情報を拡散するＳＮＳ集団の検挙などが挙げられている。ちなみに、ＤＤＯＳ攻撃とは、サイバー攻撃の一種で多数の機器（パソコンやＩｏＴデバイスなど）を踏み台にして、特定のサーバーやＷｅｂサイトに大量のアクセスデータを送りつけることで、サービスの提供を妨害する攻撃。

２０２２年10月３日のＳＳＵ広報によれば、ロシアによるウクライナ侵攻の準備段階での検挙事例もあり、通信傍受などを駆使して被害を未然に防止した様子も浮かび上がってくる。

なお、ＳＳＵは、２０２３年４月にＮＡＴＯのサイバー脅威の情報共有組織に参加したと発表した。同組織は、２０１２年に発足した「多国間マルウェア情報共有プラットフォーム（ＭＩＳＰ）」で、重要インフラ、政府、軍関係施設1300以上の代表が参加するマルウェア情報の共有組織である。

ちなみに、マルウェアとは、不正かつ有害に作動させる意図で作成された悪意あるソフトウェアや悪質なコードの総称である。

●情報戦

ウクライナ戦争においては、アメリカをはじめ各国による情報戦が遂行されている。ウクライナでも大統領はじめ情報戦を遂行しているが、SSUもWebサイトでの広報や検挙活動によって情報戦の一翼を担っている。

①SSUによる情報戦

主としてロシア兵の電話通話の内容をSSUサイトで公開することにより、ロシア軍の残虐性や戦争犯罪を糾弾してウクライナへの国際支援機運を醸成するとともに、ロシア軍の指揮や兵站の酷さを広報して、ロシア軍内の厭戦気運を醸成しようとしている。いくつかの事例を紹介する。

・ロシア軍兵士と妻との電話通話で、兵士が妻にウクライナ女性の強姦の承認を求めたのに対して、妻が避妊具を使えと話している状況。夫婦の会話が冗談か本気か不明であるが、広汎に引用されて、間違いなくロシア軍の評価を貶めた通信である。厭戦気運の醸成を狙ったもの。

・ロシア兵士同士の（平文の）移動電話での通信で、民間人を殺害せよと指示している内容や、ウクライナ軍の兵員数を過大に見積もって怖がっている内容。ロシア軍の残虐性を強調し、厭戦気運の醸成を狙ったもの。

・ロシア軍の契約兵士が妻と携帯電話で通話、将軍が大損害を被った部隊に前線への出撃を命じたが、兵士たちが拒否して将軍に銃を向ける状態になったことを話した内容。厭戦気運の情勢を狙ったもの。

・ロシア軍兵士が故郷の父親と交わした電話通話で、故郷に帰りたい兵士のために、同僚が指を砕いて除隊させた話。ＳＳＵは、指を砕かなくても、ウクライナ軍に投降すればよいと、電話のホットライン番号を掲示。

・ロシア兵士が故郷の親戚との電話通話で、負傷したウクライナ兵を捕虜にせず、喉を掻き切ったと話す内容。ロシア軍の残虐性をアピール。

②ＳＳＵによるロシアによる情報戦への対抗

ロシアは今次戦争でもサイバー空間において、偽情報を使用して広汎な情報戦を展開している。その対象は、ロシア国民、ウクライナ国民、欧米諸国そして非同盟諸国にまで及んでいる。これに対してＳＳＵはロシアによる情報戦を妨害阻止するために、通信傍受情報の公開に加えて、ロシアの情報戦に協力するウクライナ人などで応じてている。

●徴兵逃れの阻止・摘発

ロシア軍の侵攻に直面し、ウクライナ国民の多くは積極的に祖国防衛戦争に参加し、あるいは協力・支援しているが、戦争から逃避しようとする者もいる。一部の逃避者を放置していては、さらに多くの逃避者が生まれる可能性がある。そこでウクライナ政府はロシア軍の侵攻直後に徴兵対象である18歳から60歳の男子の徴兵逃れのための出国を禁止した。

これら徴兵該当者のなかには、逃れるために違法出国を図る者がおり、金銭目的に違法出国の支援をする者も尽きない。そこでSSUは、国境警備隊や国家捜査局（SBI）捜査官、国家警察と協力して、徴兵逃れの違法出国支援をする者の取り締りに当たっている。2022年10月の1カ月間でも7件の検挙事例が広報されている。

10月14日のSSU広報によれば、四つの違法出国支援グループの摘発を公表している。違法出国の方法は、身体障害者で兵役に適さないという偽造文書を作成し、これで国境検問所を通らせようとする方法、あるいは、国境警備の手薄なところから密出国を手引きする方法などがある。

これらの事例では、1人当たり1700ドルから7000ドルの報酬を得ていた。また、10月24日のSSU広報でも、二つのグループの摘発が公表されている。これらの例では、人道支援物資の運搬者である旨の偽造文書を作成して、国境検問所を通過しようとする手口が暴露されている。報酬は1人当たり1500ドルから5500ドルである。さらに、10月27日のSSU広報によれば、地方検事局の次長が、徴兵逃れのため身体障害者登録を支援する報酬として7万5000ドルを受け取ったとして検挙・拘束されている。

●まとめ

ＳＳＵの活動をみてきたが、その活動がきわめて広範囲に及ぶことが明らかになった。ロシア工作員・協力者の摘発、ロシア侵攻軍に関する情報収集、サイバー攻撃対処、情報戦の実態、ロシアの情報戦への対抗などである。ロシア工作員・協力者の任務をみても、単なる機密情報の収集にとどまらず、ロシア軍が攻撃に必要な標的情報の収集・提供、後方攪乱のためのテロ・破壊活動、さらにはウクライナ世論に影響を与えるための情報工作など多彩である。もしＳＳＵの諸活動がなければ、ロシア攻撃以前にウクライナは内部から崩壊した可能性もあった。国内を主たる対象とするＳＳＵの活動をみれば戦争遂行のうえでこれらの諸活動の実施が戦争を継続するうえで不可欠であることがよく理解できる。

前述のように、ウクライナのＳＳＵの基本的な情報収集手法・調査手法は、通信傍受、信書開披、監視機材（マイク、カメラなど）の設置、秘密捜索、潜入調査・囮調査などである。ちなみに日本の警視庁公安部は尾行や張込などの任意手段しか認められておらず、これだけでは到底ＳＳＵのような任務はまっとうできない。

ほかの民主主義国家にもセキュリティ・サービスは当然存在する。アメリカのＦＢＩ、イギリスのＳＳ、フランスのＤＧＳＩ、ドイツのＢｆＶなどである。ＳＳＵほどの広汎な任務はともかく、最低限、敵性国家の工作員と協力者を摘発できなければ、戦う前に内部から崩壊してしまうのである。しかし、我が国にはこのような機能を担える組織は存在しない。

日本インテリジェンスの再興（情報体制の強化策）その2 ——セキュリティ・サービスの抜本的な強化を

この問題も「第9章　日本インテリジェンスの再興（情報体制の強化策）」についての私見」で取り上げるべき内容であるが、前述の「ウクライナのSSU（Security Service of Ukraine）の活動」との関連で、本項で説明したほうが読者が理解しやすいと考え、ここで取り上げる

本項でも「茂田忠良インテリジェンス研究室」の『ウクライナ戦争～陰の主役・セキュリティ・サービス』（2022年7月31日）と題する論文を参考とさせていただく。

前述の通り、ウクライナ戦争におけるウクライナのSSUの成果を踏まえ、茂田氏は、日本も有事に備えてセキュリティ・サービスを強化すべきと訴えている。茂田氏は、日本のセキュリティ・サービスを強化するためには、現在の警視庁公安部を母体として強化拡充するのが適

切であるとして次のように述べている。

《現在、セキュリティ・サービス機能は警察の警備部門が担っているが、現在の権限・運営では全く不十分な機能しか発揮していないのは明白である。平時の外国の工作員や協力者の摘発自体が全く不十分なのが現状である。ロシア・ウクライナ戦争を見れば、戦時においては敵国の工作員や協力者を迅速に摘発する必要性はきわめて高いが、我が国にはそのような権能を発揮できる機関は存在しない。

ＦＢＩには国家安全保障に関する調査を行う国家安全保障局がある。これに倣って、国家安全保障のための調査活動を主任務とする組織を設置して、これに、ＦＢＩ国家安全保障局と同様に、通信傍受、秘密捜索、監視機材の設置、囮・潜入調査などの権限を付与して、情報収集力を欧米なみに強化する必要がある。

このような任務権限を付与する組織としては、既存の組織では過去のスパイ摘発の実績をみても、まず警視庁公安部が適切であろう。公安調査庁も選択肢であるが、オウム真理教事件で解散指定することが出来なかったことから見ても情報収集力は弱体である。また、公安調査庁の情報からスパイ検挙に至った事例など寡聞にして聞いたことがない。公安調査庁は不適切であろう。

なお、国家安全保障のために通信傍受、秘密捜索などを行うため、米国の対外諜報監視裁

判所（FISC）と同様な組織を設置して許可令状を発布するする制度を構築する必要があろう》

筆者も茂田氏の論に全面的に賛成する。

●反撃能力（敵基地攻撃能力）保有に必要なインテリジェンス能力

前術したが、ここでも主として「茂田忠良インテリジェンス研究室」の『敵地攻撃に必要なインテリジェンス：TARGETING他』と題する論文を参考とさせさていただく。

中国、北朝鮮、ロシアはもとより日本の左翼政党・陣営の猛烈な反対で、これまで日本政府は、中国、ロシア、北朝鮮基地のミサイル基地など攻撃できるミサイルなどの開発・を装備化に踏み切れなかった。ところが、中国、ロシアはもとより、北朝鮮のミサイルの脅威が最近抜き差しならないレベルになり、政府・世論はようやく重い腰を上げ、中国や北朝鮮を射程におさめるミサイルの開発・装備に踏み切った。

２０２２年12月に決定された安保三文書で「反撃能力」の保持が規定された。そのためには、長距離精密照準打撃（long-range precision strike）が必要であり、射程１０００㎞を超えるミサイルの装備が計画されている。具体的には、まずアメリカからトマホーク巡航ミサイルを購入するとともに、長射程の巡航ミサイル（12式地対艦ミサイルの能力向上）を開発して装備し、さらには極超音速ミサイルを開発することも記載した。

これら長距離ミサイルを装備化するためには、中国や北朝鮮などの領土内にある基地や兵器を攻撃するために必要なＴＡＲＧＥＴＩＮＧ（目標照準）能力も同時に取得する必要がある。そのためには、中国や北朝鮮などの領土内にあるミサイル基地や兵器の位置などみつけるインテリジェンス能力が必要となる。このことをたとえていえば「猟師が猟銃を手に入れても、獲物を捜す手段がなければ、何の役にも立たない」のと同じだ。

インテリジェンス能力については、安保三文書にも記載があるが、その記載だけでは具体的にどのようにしてＴＡＲＧＥＴＩＮＧに必要なインテリジェンス能力を整備するのかよくわからない。前項の「アメリカの卓越したインテリジェンス能力」で説明したが、この分野では「ゼロベース」の日本が、可及的速やかに反撃能力を保有するためには、アメリカの支援・協力抜きには不可能であろう。

敵の基地や兵器を攻撃するために必要なＴＡＲＧＥＴＩＮＧのためのインテリジェンスは、アメリカのインテリジェンス機関のなかでも、シギントを担当する国家安全保障庁（ＮＳＡ）、イミントを担当する国家地理空間諜報庁（ＮＧＡ）、マシントを担当する国防情報局（ＤＩＡ）に頼るほかなく、これら三機関との協力関係を具体的にどう進展させるかが課題である。だが、安保三文書にはそれについての言及はない。専守防衛を国是としてきた日本は、ＴＡＲＧＥＴＩＮＧにどのようなインテリジェンスが必要なのか知見に乏しい。

そこで、茂田忠良氏の論文『敵地攻撃に必要なインテリジェンス：TARGETING他』などを参考に「TARGETINGに必要なインテリジェンス」について、白紙的に考えてみたい。

中国や北朝鮮のミサイル軍（ロケット軍）の基地や兵器に対して、効果的なTARGETINGを行うためには、ミサイルのサイロや発射台、あるいは移動式のTEL（輸送起立発射機）などの所在地を画像衛星によって把握するだけでは十分ではなく、中国、北朝鮮、ロシアのミサイル軍の全貌を正確に把握する必要がある。

第一に、ミサイル軍全体に関することをすべて正確に把握する必要がある。例えば、軍団、旅団、大隊の組織編制はどうなっているのか。軍団司令部、旅団本部、大隊本部の所在地、大隊を構成するミサイルの種類と数、核・非核の弾頭はどうなっているのか、各部隊の攻撃対象・目標は何かなど、その全体像を正確に把握する必要がある。また、これらすべての所在地を、正確な三次元の地理空間座標に紐づけて把握する必要がある。

固定サイロは動かないが、TELは移動する。TEL目標を攻撃するためには、TELの移動展開（発射予定）場所や移動パターンを長期にわたり分析して、撃破できる可能性を高めなければならない。また、弾頭の核・非核の分別も重要だ。敵ミサイル部隊が核弾頭の使用を企図していない段階で、核弾頭ミサイルに対する攻撃を行えば、敵国の核使用を誘発する恐れがある。

第二に、ミサイル軍を構成する各部隊の戦闘態勢――平常態勢にあるのか、警戒態勢にあるのか、攻撃準備態勢に移行しているのか――なども把握する必要がある。自衛隊のミサイル部隊自体が攻撃目標とされるのだから、相手側が攻撃態勢に入っている場合は、対応措置をとる必要が生じる。

第三に、日本が巡航ミサイルで攻撃する場合は、その飛行経路を決定する必要がある。トマホークの場合、敵地の陸上を飛行する際は、レーダーで地形を探知しつつミサイルが飛行する（ＴＥＲＣＯＭ：Terrain Contour Matching（地形等高線照合方式））ために、飛行経路の正確な三次元デジタル地図が必要になる。また、最終段階では標的の画像をデータと照合して標的を正確に打撃する（ＤＳＭＡＣ：Digital Scene Matching Area Correlation（デジタル式情景照合方式））ためには、地形や標的画像などのデータが必要となる。

第四に、中国や北朝鮮の対空砲陣地や対空ミサイル陣地など防御態勢を把握する必要がある。防空体制が強固なエリアは当然回避して飛行する必要がある。

第五に、ミサイルによる攻撃後は、その効果（敵の損害）を評価するための情報を得る必要がある。

以上のように、長距離ミサイルのＴＡＲＧＥＴＩＮＧに必要なインテリジェンス能力とは、単に対象国のミサイルの位置座標を得るだけでは十分ではなく、多様で総合的な情報の獲得が必要なのだ。

アメリカの場合、これらＴＡＲＧＥＴＩＮＧに必要な情報は、シギントを担当する国家安全保障庁（ＮＳＡ）、イミントを担当する国家地理空間諜報庁（ＮＧＡ）、マシントを担当する国防情報局（ＤＩＡ）が提供している。前述のように、アメリカはＮＳＡやＮＧＡ、さらにＤＩＡに毎年何兆円もの巨額の資金と人材を投じて、世界最強のインテリジェンス態勢を構築してきた。その概要については、前項で述べた。

イミントに関し、TARGETINGに必要なジオイント（GEOINT――地理空間に関する情報）のためのプラットフォームとしては、光学衛星KH―11、レーダー衛星ONYX、各種の有人偵察機、無人偵察機からのデータに加えて、アメリカ商用衛星も実質的に統制下においている。

マシントについては、DIA（国防情報局）が敵ミサイルの発射探知のため、各種の衛星を使って早期警戒態勢を確立・運用している。すなわち、SBIRS（Space-Based Infrared System：宇宙配備赤外線システム）衛星6基程度及び探知センサーを搭載したエリント衛星Improved Trumpet（モルニヤ（長楕円）軌道を周回するシギント（信号諜報）偵察衛星）3基などである。また、各種の地上レーダーやAWACS早期警戒機も運用し、膨大なデータ収集態勢を構築している。

日本インテリジェンスの再興（情報体制の強化策）その3
――敵攻撃（TARGETING）に必要な日本独自の国家シギント機関と国家イミント機関の創設を

この問題も「第9章　日本インテリジェンスの再興（情報体制の強化策）についての私見」で取り上げるべき内容であるが、前述した「反撃能力（敵基地攻撃能力）保有に必要なインテリジェンス能力」との関連で、ここで説明したほうが、読者が理解しやすいと考え、ここで述べさせていただく。本項でも「茂田忠良インテリジェンス研究室」の『敵地攻撃に必要なインテリジェンス：ＴＡＲＧＥＴＩＮＧ他』と題する論文を参考とする。

◆防衛省・自衛隊の敵地攻撃に必要なインテリジェンス能力の構築構想

防衛省・自衛隊は、敵地攻撃（ＴＡＲＧＥＴＩＮＧ）に必要なインテリジェンス能力をどのように構築しようと考えているのだろうか。2022年12月16日に閣議決定された「防衛力整備計画」のなかには、敵地攻撃に関連するインテリジェンス関係の予算として、注目されるものが４点ある。

◇静止光学衛星の整備（600億円）

この静止衛星は、赤道上高度３万6000㎞の静止軌道にあるアメリカの早期警戒衛星ＳＢＩＲＳ衛星と同様な衛星を想定しているものと推定される。これについては、アメリカＳＢＩＲＳ衛星なみの性能を短期に開発できるかどうか疑問であるうえ、600億円では1個しか装備できないだろう。これで、前述したアメリカの早期警戒態勢に比肩し得る衛星が開発・装備できるとは、到底考えられない。また、衛星1機では開戦劈頭に破壊されてしまえば偵察能力を完全に喪失してしまう。

◇衛星コンステレーションを活用した画像情報等の取得

衛星コンステレーションとは、特定の方式に基づく多数個の衛星の一群・システムを指す。個々の衛星はシステム設計された軌道に投入され、協調した動作を行い、システムの目的を果たす。「防衛力整備計画」には、衛星コンステレーション用の特別な予算は計上されていないので、内閣情報衛星センターの画像データの活用を前提としているものと思われる。内閣情報衛星センターの情報収集衛星は、近年その数も増え性能も向上しているが、アメリカNGAが運用している各種衛星の画質（分解能など）や広域撮像能力にはいまだにほど遠い状況である。

◇各種の無人飛行機（UAV）の活用

「防衛力整備計画」では、各種のUAV多数を装備する予定となっている。アメリカではMQ—9などにシギント・システムやイミント・システムを搭載してデータ収集に当たっているので、日本でもUAVをシギントやイミントの情報収集手段として使うことは有意義であろう。

しかし、これらの手段は平時には対象国の領空を飛行できない。アメリカは、有人の総合シギント機RC—135やUAVでデータを中国や北朝鮮沿岸の領空外から収集しているが、我が国もアメリカに倣い、同様の情報収集をすることは可能であろう。その場合は、さまざまな役割分担（地域や任務など）も含めアメリカとの緊密な調整が必要となろう。

UAVに搭載するシギント・システムやイミント・システムもアメリカから購入することに

なるのが自然であろう。ただ、これら情報収集用ＵＡＶは地対空ミサイル攻撃に脆弱であることを忘れてはならない。

以上述べたように「防衛力整備計画」は、断片的なインテリジェンス能力強化策は提示されているが、シギント力やイミント力を総合・抜本的に強化する構想には言及されていない。「日本は反撃能力による攻撃に着手するためにアメリカの諜報、偵察、標的設定、損害評価の能力に頼らなければならない」と述べている。残念ではあるが、現状ではそれしかない。我が国独自で、短期間に、ＴＡＲＧＥＴＩＮＧに必要なインテリジェンス能力を獲得するのは不可能であろう。

◆ＣＳＩＳ日本部長の提案

この問題について、米戦略国際問題研究所ＣＳＩＳ日本部長のクリストファー・ジョンストン氏は、次の提案をしている。

・日本が常設の「統合司令部」を創設し、自らの指揮統制を変える。
・自衛隊の統合司令部のカウンターパートとして協力するアメリカ軍の統合司令部が必要。
・統合された同盟の一環で情報共有を進める。

この提案は、「アメリカ軍の在日統合司令部（新設）と自衛隊の統合司令部とで、作戦を統合する。その作戦の一環としてアメリカ軍が情報提供をして自衛隊が「反撃能力」を運用する。すなわち、自衛隊の「反撃能力」は、日米同盟の構成要素として実質的にはアメリカ軍の指揮・統制下で運用する」という趣旨であろう。

アメリカの国益から考えれば、ジョンストン氏の提案は当然であろう。我が国は、独自で「反撃能力」を運用するのに必要なインテリジェンス能力が決定的に不足しているどころか、そもそも、アメリカ軍の支援なしに日本単独で中国・北朝鮮と戦争を行うのは不可能である。

一方、米国・アメリカ軍の立場からは、日本・自衛隊が独自に状況判断して、勝手に振る舞うのは許せないはずだ。一方、日本の判断で中国や北朝鮮と交戦することになれば、米国をも巻き込んだ核戦争へエスカレートする可能性がある。それゆえ米国としては自衛隊は、軍事作戦を行う際は、アメリカ軍のコントロール下に置かれざるを得ないのだ。

戦後3四半世紀の間、アメリカの庇護のもとで国防努力を怠ったつけは、このようなかたちで現れる。日本は現在もアメリカの「属国」なのだ。

◆茂田忠良氏の提案——国家シギント機関と国家イミント機関の創設を

日本にとってTARGETINGについての最も安易な道はシギント力やイミント力を完全

にアメリカに頼ることであろう。この問題について、茂田氏は「日本独自で一定のシギント力とイミント力を高めること」を提案している。茂田氏は、『敵地攻撃に必要なインテリジェンス：TARGETING他』と題する論文で「我が国のインテリジェンス能力の強化策」と題し、国家シギント機関と国家イミント機関の創設を提案し、以下のように述べている。筆者は、茂田氏の提案を「叩き台」として関係省庁で研究・調整をして成案を確立すべきと考える。

《我が国にとってはジョンストン氏の提案では不十分で、我が国自体のインテリジェンス力を強化する必要があります。それは作戦面（軍事面）での向上に加えて、我が国は政治・外交・経済を含む国家としてのインテリジェンス力を強化する必要があるからです。そのためには、アメリのカNSAやNGAをモデルとして、我が国の国家シギント機関と国家イミント機関を創設する必要があります。そして、UKUSAシギント同盟とASGイミント同盟への加盟を目指して、シギントとイミントを抜本的に強化することです。ここでアメリカをモデルとするという趣旨は、アメリカのNSAやNGAの組織機能や運営を手本にするということであって、規模をモデルにするということではありません。

◇国家シギント機関

現在のシギントはインターネット空間が重要ですから、対外的なコンピュータ網工作（CNE）

やインターネット通信の傍受など平時から一定の権限を付与できるように整備する必要があります。ＵＫＵＳＡシギント同盟諸国のように、シギントに加えサイバーセキュリティの中核機関とする必要もあります。防衛省に設置するべきですが、ＮＳＡに倣って人事予算運営については、インテリジェンス面における総理大臣の代理人として内閣情報官の権限を強化する必要があります。また、陸海空その他サービス・シギント組織を強化整備すると共に、アメリカのＣＳＳ（中央安全保障サービス）に倣って、サービス・シギント諸組織の統合調整機構も設置すべきでしょう。

◇国家イミント機関

内閣衛星情報センターを抜本的に拡充して、且つ、アメリカＮＧＡに倣い、衛星情報のみならず、有人無人航空機による画像情報も統合分析する組織とする必要があります。また単なる画像分析から、アメリカＮＧＡのような高度なジオイント（Geospatial-Intelligence：地理空間諜報）への発展を目指すべきでしょう。防衛省に設置するべきですが、人事予算運営については、インテリジェンス面における総理大臣の代理人として内閣情報官の権限を強化する必要があります。

このように、シギント、イミントを抜本的に強化してこそ、「反撃能力」行使・敵地攻撃に関して、我が国も米軍に対して自国の立場をより強く主張できるのではないかと考えます》

第8章　日本の情報体制の現状

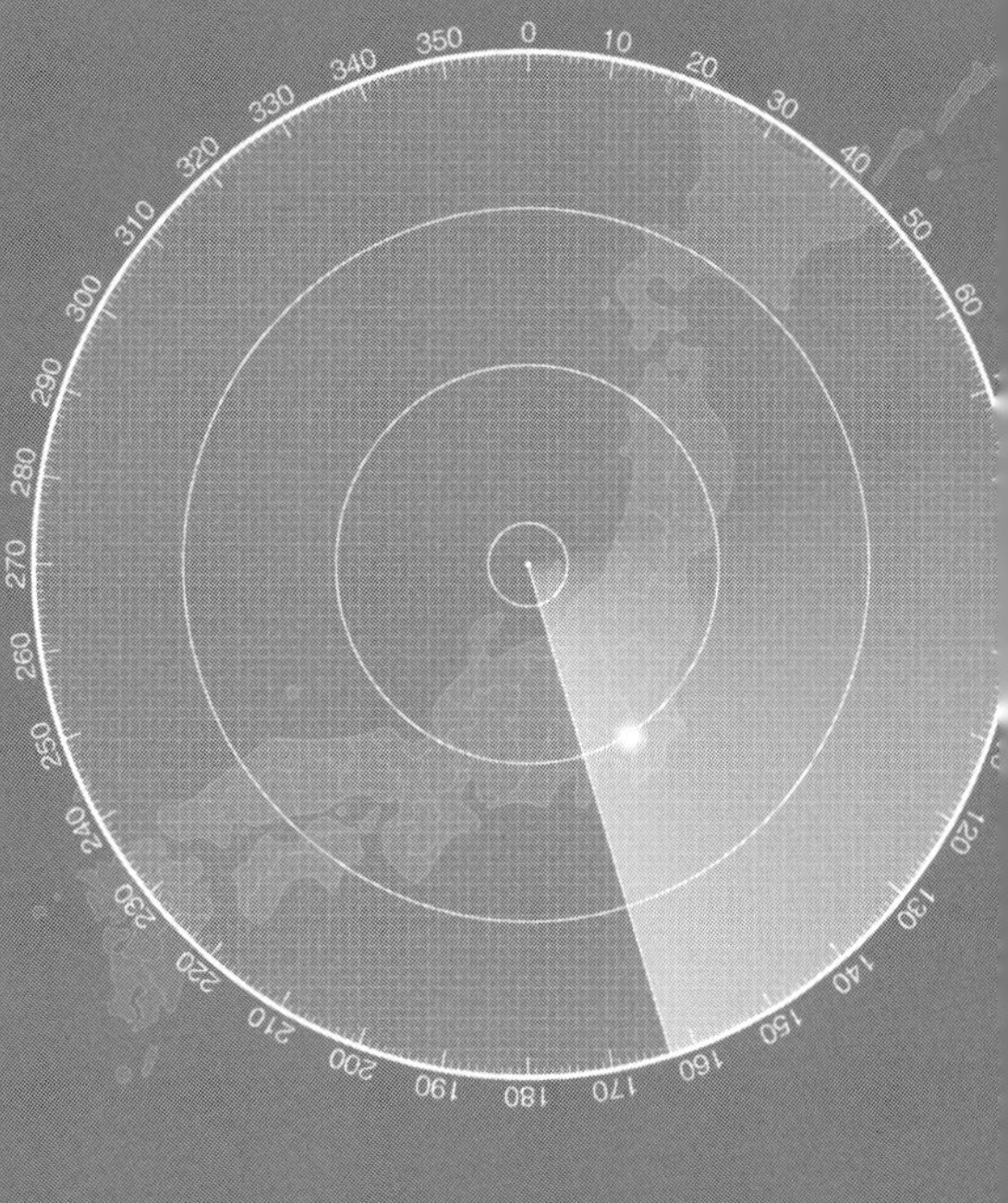

◆戦後「雨後の筍」のように誕生した日本の情報機関

戦後、日本の情報体制は、たとえていえば「雨後の筍」のようなものであった。敗戦後、日本の情報機関は「雨後の筍」のように無造作に生まれた。一応かたちは整っているが、筆者からみれば、「機能不全状態」であると言わざるを得ない。

国家を人間に例えると、目や耳などの五感が情報機関に当たる。目や耳が不全なら生活に不便だ。他人の助けが必要になり、完全に自立することは難しい。国家も同じで、情報機関と軍は「自立」するうえで不可欠だ。このことを知悉していたアメリカは、大東亜戦争後、連合国軍最高司令官のマッカーサーを通じて、日本が再びアメリカに仇をなさないように帝国陸海軍と情報機関を取り潰し日本の弱体化を図ったのだ。

1952年に朝鮮戦争が勃発し、在日駐留アメリカ軍を朝鮮半島に投入せざるを得ず、日本国内の防衛・治安維持兵力がなくなるので、マッカーサーの命令で7万5000人からなる警察予備隊（陸上自衛隊の前身）が設立された。憲法も警察予備隊もアメリカの都合だけで、「建軍の理念」についての国民的な議論もないままに無造作につくられたのだ。

一方、情報機関も、何の理念も国家全体としての構想もなく無造作に「雨後の筍」のように誕生したといえるのではないか。その結果、かたちは一応整っているが、まるでアクセサリーのようなもので、官邸首脳・政策部門はその成果を使う意思も能力もきわめて低いといわざるを得ない。したがって、各情報機関は「機能不全状態」にあるのではないか。その原因は、情報センスに疎い日本人の性《さが》に根ざすほか、日米同盟（日米安保条約）にあると思う。

パクスアメリカーナ（アメリカによる世界平和）を支えるアメリカの情報能力は圧倒的で、日米の情報能力の格差は「アメリカは日本を顕微鏡と内視鏡で見ているのに対し、日本はアメリカを望遠鏡で見ている」ような状態なのだ。だから、日本は「はじめにアメリカの情報ありき」で、アメリカの情報操作に慣れ、その誘導に追従せざるを得ないのだ。

◆情報体制のかたちは整っているが機能不全

我が国の情報体制の現状については「国家安全保障会議創設に関する有識者会議」の第三回会合に提示された「我が国の情報機能について」と題する説明資料（https://www.kantei.go.jp/jp/singi/ka_yusiki/dai3/siryou.pdf）の一枚目の「我が国の情報体制」がきわめてコンパクトにまとめられており、わかりやすい（図11（次ページ））。

世界各国の情報機関はインテリジェンス・サイクル（図12（次ページ）、Intelligence cycle）に基づいて情報業務を行っている。インテリジェンス・サイクルでは、政策決定者からの要求を受けて情報を収集及び分析し、行動を起こすために必要な情報（Intelligence）を生産する一連のプロセスのことである。インテリジェンス・サイクルは、図12に示すように、①カスタマー（情報要

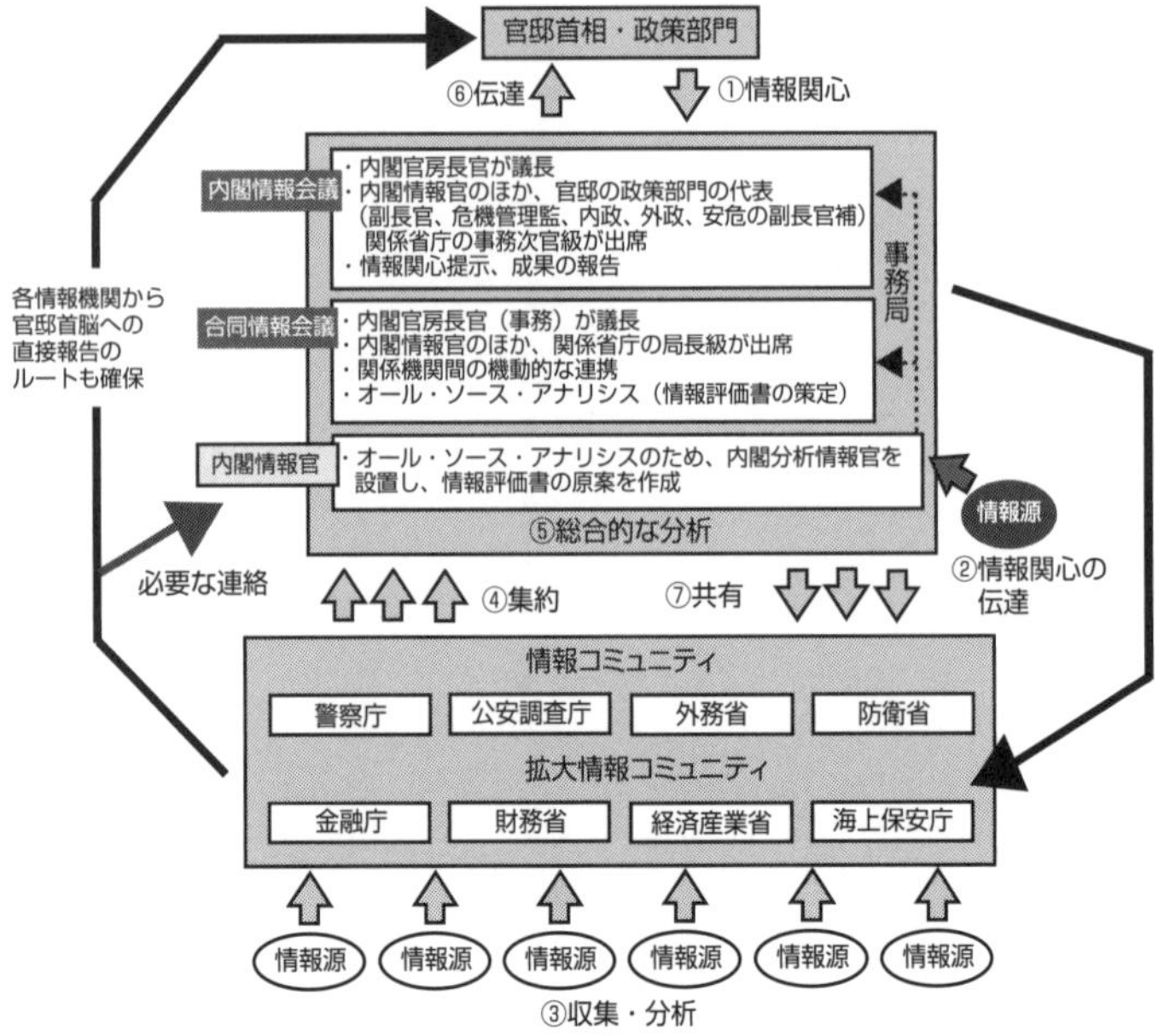

図11　我が国の情報体制

求・使用者）が情報サイド（情報機関）に情報（Intelligence）を要求することと（Intelligence requirement）にはじ

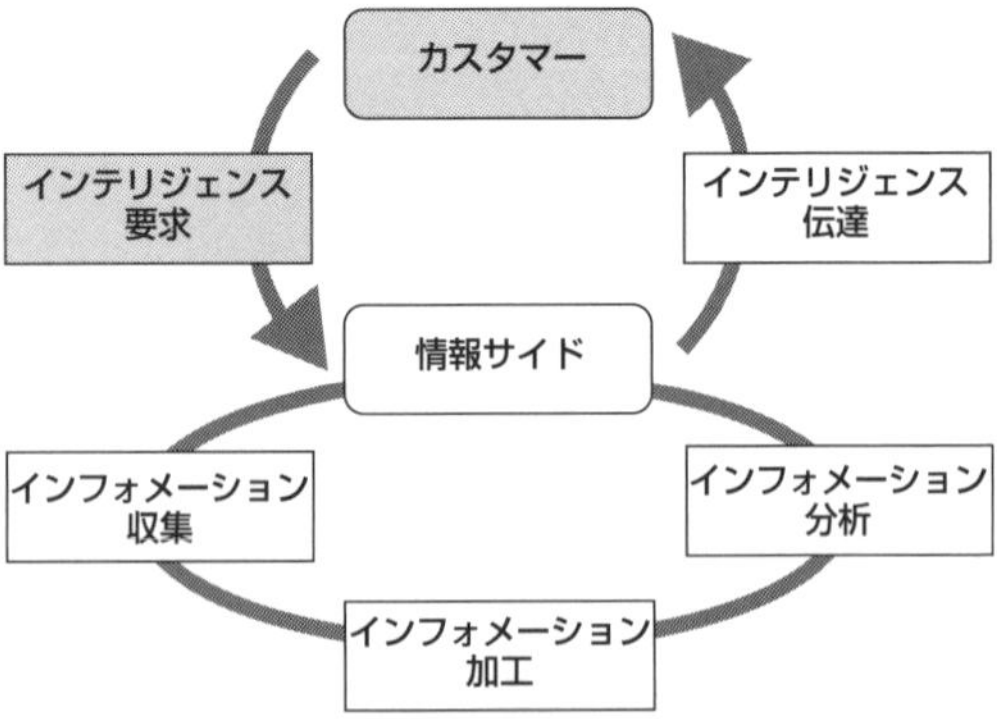

注）カスタマー … インテリジェンスに基づいて判断・行動する主体（経営者等）
情報再度 … インフォメーションからインテリジェンスを作成する主体

図12　インテリジェンス・サイクル

まり、それを受けた情報サイドは、②情報（Information）を収集し（Information gathering）、③情報（Information）を加工・分析し（Information processing）、④情報を作成して（Intelligence production）、⑤カスタマーに情報を伝達（Intelligence dissemination）するまでの五段階で構成される。

日本でも情報業務に関しては、インテリジェンス・サイクルに則っており、まず、①官邸首脳・政策部門から内閣情報会議・合同情報会議・内閣情報官（以下「会議等」とする）に対して「情報関心」が示され、②会議等は、情報サイドである情報コミュニティ（防衛省、外務省、警察庁、公安調査庁）と拡大情報コミュニティ（金融庁、財務省、経済産業省、海上保安庁）に対して「情報関心の伝達」を行う。③情報コミュニティ、拡大情報コミュニティはそれぞれの情報源から情報を「収集・分析」し、④これを「集約」したものを会議等に報告し、⑤会議等はそれに「総合的な分析」を加えて、⑥官邸首脳・政策部門に伝達する。

この資料によれば、我が国の情報体制は順調・円滑に運ばれているようにみえるが、それはかたちばかりに過ぎないのではないか。その原因は以下の通りである。

第一に、前述のように日米同盟体制下では、日本独自で外交政策や戦略を決定する余地が少ないことである。重要な決定案件がなければ、情報ニーズも生じない。

第二に、カスタマーである「官邸部門・政策分門」の政治家や高級官僚が情報に関心が薄く、これを使い切るだけの見識・資質に乏しいことである。政治家や高級官僚は日本人一般と同様に情報についてのセンスに乏しく、政策決定や運用に情報が決め手となることを十分に理解していないのが現状であろう。それは、大東亜戦争当時、陸軍大学校を優等で卒業したエリート作戦参謀たちが、情報そっちのけで独善的に作戦計画を立案した愚行と似ている。

第三に、内閣情報官が防衛省・外務省・警察庁・公安調査庁などから上ってきたインテリジェンスをオールソース・アナリシス（集約分析）することになっているが、各省庁の情報コミュニティは縄張り意識が強く、重要な情報は内閣情報官をバイパスして総理大臣などに直接報告してポイントを稼ごうとする傾向が強いことである。筆者は情報本部の初代画像部長時代、関係省庁が重要な情報を得るたびに功を争うように総理大臣に直接報告していることを知った。

第四に、内閣情報会議や合同情報会議はおざなりで、形骸化している可能性が高いことである。その理由は、政治家や高級官僚の情報センスが低調であるからだ。

前述の「国家安全保障会議創設に関する有識者会議」で提示された「我が国の情報機能について」と題する説明資料の2枚目には「官邸における情報機能の強化の方針」が示されている。これについては「情報機能の強化」と「情報の保全の徹底」の二つが明記されている。「情報機能の強化」で注目されるのは「対外人的情報機能の強化」という記述で、これは諸外国なみに海外にスパイを派遣してヒューミントを強化することを意味しているものと思われる。

敗戦後、日本陸海軍の情報機関は廃止を余儀なくされた。そのことが情報機能の劣化につながり、欧米や中国、ロシアなどのようにスパイを養成・運用する機関――いわゆる日本版ＣＩＡ（ＪＣＩ

A）――はいまだに存在しない。ＪＣＩＡの創設は、我が国の情報機能強化にとって画期的なことである。

◆情報の保全（セキュリティ）の強化も喫緊の課題

我が国の情報強化のもう一つの柱である「情報の保全（セキュリティ）の徹底」については、前述の「我が国の情報機能について」の5枚目に「秘密保全のための法制の在り方について（報告書）」の骨子が提示され、そのなかに「特別秘密の管理」のやり方として「適格性評価（セキュリティクリアランス）の実施」が挙げられている。これについては、わざわざ「諸外国ではすでに実施」と注記され、我が国にとって喫緊の課題であることが強調されている。

前述したが、我が国がアメリカやイギリス、オーストラリアなどのファイブアイズに加わるためには「日本に提供する機密情報が中国などに漏洩しない」という確証が必要である。そのための手立ての一つとして、日本にセキュリティ・クリアランスというシステムを導入する必要がある。セキュリティ・クリアランスとは、機密情報にアクセスできる職員に対して、その適格性を確認する制度、または機密情報に触れることができる資格のことだ。トップシークレット（機密情報）へのクリアランス（機密情報取扱許可）を得るためには「スパイや機密漏洩の疑いがまったくない」ことが条件だ。その条件を満たすためには、生い立ちや家族・親類・友人・異性関係から渡航歴（中国など「敵性国家」との接点が疑われないか）などに至るまで微に入り細を穿つ徹底した身辺調査を行い、嘘発見器による検査などもクリアする必要がある。

防諜体制が厳しかった戦前においてさえゾルゲの諜報活動が可能だったのだから、今日の日本は遺憾ながらスパイは「野放し状態」である。１９５４年に発覚したラストボロフ事件や１９８２年に発覚したレフチェンコ事件は日本が「スパイ天国」であることを内外に知らしめた。

ラストボロフ事件は１９５４年に発覚した日本を舞台とするスパイ事件である。大東亜戦争後、ラストボロフは駐日ソ連代表部の二等書記官として、外務省や通商産業省の事務官らを含む日本人エージェントを用いてスパイ活動を行った。これらのエージェントは57万人あまりのソ連に抑留された軍人のなかから仕立てられた者が多かった。

ラストボロフは１９５４年1月24日にアメリカへ亡命し、その活動を暴露した。それによれば、ソ連抑留中にエージェントになることを誓約した日本人は約５００名、その他情報提供者を含む潜在エージェントは約８０００名を超えていたことが明らかになった。

エージェントのなかには日本共産党の志位和夫委員長の伯父にあたる志位正二氏（陸軍少佐。戦後シベリアに抑留され、朝枝繁春氏や瀬島龍三氏らとともにスパイの訓練を受けたといわれる）がいた。

ラストボロフ事件については２０２３年8月に上梓された稲村公望氏の『詳説「ラストボロフ事件」：日本における最大級の諜報活動の実態』（彩流社）が詳しい。

二つ目のレフチェンコ事件は、アメリカに亡命したレフチェンコが、1982年7月14日にアメリカ下院情報特別委員会の秘密聴聞会でソ連の対日工作活動を暴露したことにはじまる。レフチェンコは、エージェントとして9人の実名とコードネームを明らかにした。実名でエージェントとされたのは「フーバー」の石田博英元労相、「ギャバー」の勝間田清一元社会党委員長、「グレース」の伊藤茂社会党代議士、「ウラノフ」の上田卓三社会党代議士、「カント」の山根卓二サンケイ新聞編集局次長、「クラスノフ」の瀬島龍三伊藤忠商事会長など9人(肩書きはいずれも1979年当時)。

問題は、レフチェンコの暴露はアメリカ下院情報特別委員会での「秘密聴聞会」だったことだ。それゆえ、日本は全貌を知ることはできない。アメリカは日本を情報操作できる立場だった。アメリカ政府・CIA／FBIは、以下のような思惑で(日本に対する情報操作の目的で)都合のよい内容だけをリークしたのではないか。

①軍事と情報を駆使して(弱みを握って)日本を引き続き「アメリカのポチ」状態にする。
②「日本の対ソ防諜施策が甘い」という警告(ただし、アメリカにとって「日本のスパイ天国」は織り込み済み)。
③全貌を暴露しないことで、中曽根内閣に恩を売る。
④日本の政官財界におけるアメリカの威信を高める(アメリカに睨まれると怖い)。
⑤実名をバラされた要人たちはもとより、合計33人(政治家、マスコミ関係者や大学教授、財界の

実力者、外務省職員や内閣情報調査室関係者など名前が出なかった者）の「弱味」を握り、後でCIAなどに脅させて二重スパイなどで活用する。

⑥アメリカ情報機関が活動できる幅を広げる。

レフチェンコは、中川一郎（中川は、元テレビ朝日専務の三浦甲子二（コードネームは「ムーヒン」）の仲介で親ソ派に取り込まれたといわれる）及び鈴木宗男のつながりにも言及したといわれる。鈴木のコード名は「ナザール」といわれる。これに関し鈴木は時の河野洋平外務大臣に対して2007年2月7日に質問主意書を提出した。

対する河野は、「レフチェンコ氏の一連の発言のうち、コード名がナザールという者について調査し、記録を作成したが、御指摘のレフチェンコ証言全般の信ぴょう性について申し上げる立場にない。お尋ねの『KGBと不適切な接触』の意味が明らかでないため、外務省としてお答えすることは困難である」と逃げ、真実は明らかになっていない。つまり、鈴木は灰色のままだ。

1999年に竣工した「日本人とロシア人の友好の家」（ムネオハウス）を巡り、2002年にムネオハウスについての利権疑惑が取り上げられ、公設秘書1人と地元建設業者5人の計6人が起訴され、全員が有罪判決を受けた。このような経緯をみれば、鈴木とソ連の関係についてはおおよそ想像がつくのではないか。また、グレイの鈴木と二人三脚でタッグを組んだ元外交官Sについても「ミイラ取りがミイラになったのでは」と疑う向きもある。防諜体制の緩い日本では文字通りスパイが大手を振って闊歩している可能性がある。

スパイはソ連・ロシアだけではない。中国や北朝鮮のスパイないしはシンパも大勢いる。カジノを含む統合型リゾート（ＩＲ）汚職に絡む贈賄側への証人買収事件で、２０２０年8月20日、衆院議員の秋元司容疑者が東京地検特捜部に逮捕され、中国による対日工作の一部が明るみに出た。この事件がらみだけでも、何らかのかたちでカネもらったり、便宜を受けたリストに載っている議員は30人はいるといわれ、懐にした金額も秋元司容疑者の約７００万円とは一桁違う議員もいると囁かれている。親中派議員は枚挙に暇がない。

アメリカ大統領選挙の混乱の隙を衝いて中国の王毅国務委員兼外相が２０２０年11月24、25日の間訪日したが、親中派実力者の自民党の二階俊博幹事長とは25日、東京都内のホテルで昼食をとりながら意見交換した。平沢勝栄復興相や林幹雄幹事長代理、野田聖子幹事長代行らも同席した。米中覇権争いの最中、中国は二階幹事長を「切り札」として菅政権への浸透工作を強化したとみられる。

北朝鮮のシンパないしはスパイ工作を受けている可能性のある者は、金丸信（故人）、野中広務（故人）、山崎拓、武村正義、菅直人、平岡秀夫、日森文尋、辻元清美、福島瑞穂、山本太郎などの噂も広く聞かれるところである。いずれも、これまでの北朝鮮とのかかわりや言動を詳細にみれば首肯できる。

日本には北朝鮮の軍事・諜報の拠点である朝鮮総連が存在する。朝鮮総連は、朝鮮半島有事には北朝鮮による日本とアメリカ（在日アメリカ軍）に対するテロ・ゲリラ・攻撃の司令塔となることが想定されている。

これまで朝鮮総連は、北朝鮮による日本人拉致やスパイの支援などを行っている。北朝鮮からの朝鮮総連に対する諜報・工作の指令・指導は、かつては新潟港に入港する万景峰号に乗った北朝鮮の諜報担当の幹部などが総連幹部を船内に呼びつけて行っていた。また、北朝鮮は、２０００年以前までは、日本や韓国に潜入したスパイに対して乱数放送により指令などを伝えていた。２０００年以降は電子メールへ移行したものとみられる。

第9章　日本インテリジェンスの再興（情報体制の強化策）についての私見

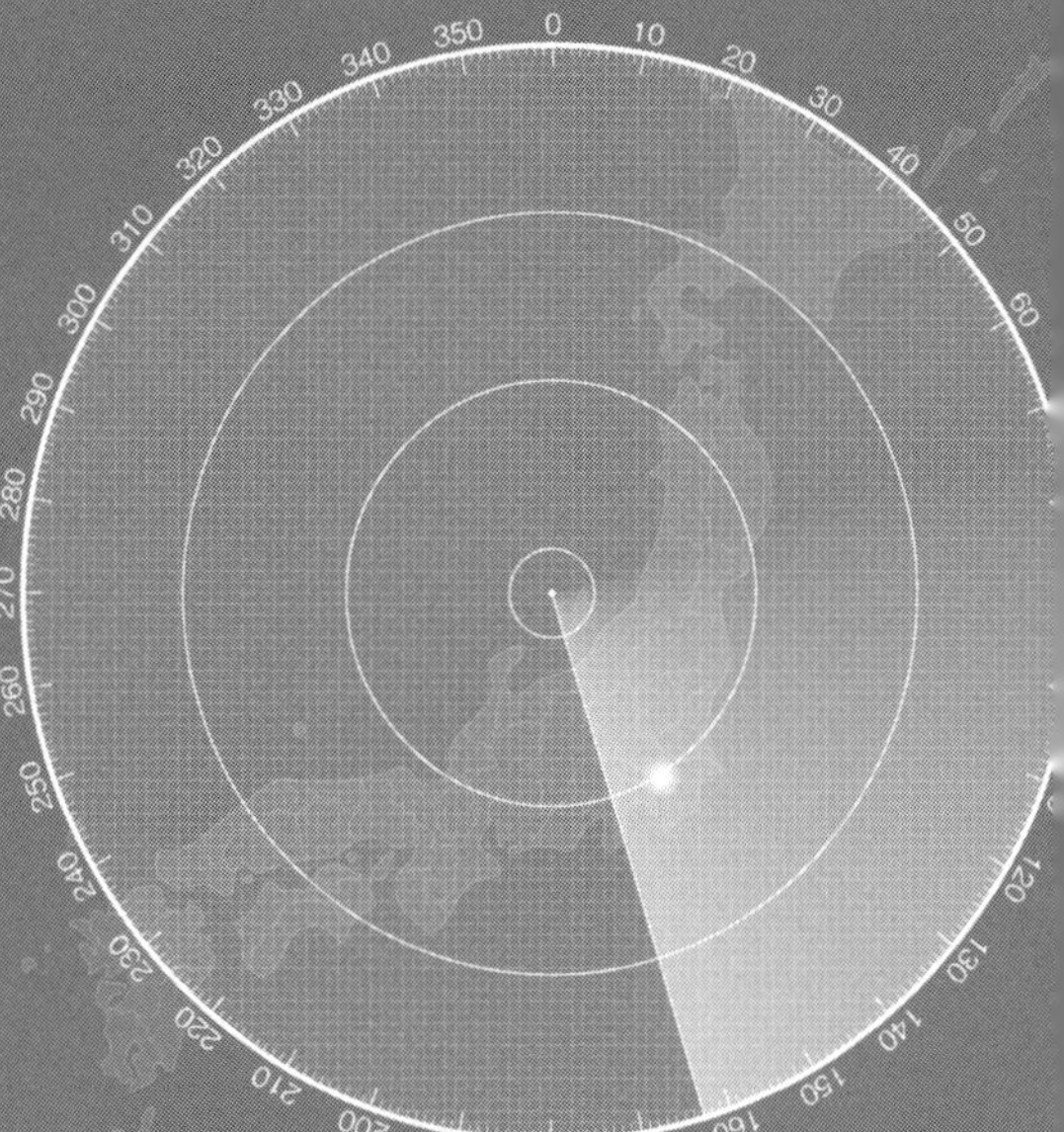

◆日本の情報体制強化と日米同盟の関係

情報についての、たとえ話をしよう。アメリカとの戦争に敗れ失明し、ものが見えないだけでなく耳も聞こえなくなった日本は、アメリカからいわれるまま、導かれるままにアメリカに追随してきた。世界を支配するアメリカに追随していれば、日本は別段大きなトラブルに巻き込まれることはなかった。

しかし、最近ではアメリカの世界覇権には陰りがみえつつあり、トランプ前大統領は「アメリカ・ファースト」と叫び、同盟国はこれまで通り安閑とは過ごせなくなりつつある。そんななか、日本が目と耳の手術によりものが見え、音が聞こえるようになれば日米関係はどうなるだろうか。日本は、アメリカに追随する必要がなくなり、自らの進路を自ら決めることができるようになるというわけだ。

このたとえ話のように、日本の情報体制（目や耳に相当）が強化されれば、日本がアメリカから自立・独立する方向に向かうのは自然の道理だ。情報体制が強化されれば日本の政策判断の選択肢は従来よりも広がり、場合によってはアメリカと距離をとるようになるほか、中国と接近する可能性も出てくるだろう。

アメリカはそれを許すだろうか。否、絶対に許さないだろう。日本はアメリカの世界戦略にとっての「要石」と位置づけられるほど、パクスアメリカーナを維持するうえで不可欠の地政学的な価値を有する国なのだ。アメリカが第二次世界大戦で学んだ重要な教訓は「日本とドイツだけは油断するな！」ということだろう。戦後、日本とドイツが「灰燼」の中から急速に復活してアメリカの経済を脅かす存在になったことは、その教訓を裏づけるものだった。日独両国は、経済に加え軍事的なポテンシャル（潜在力）も十分に持っている。

アメリカはその教訓に基づき日本（いわば「ポチ」）をコントロール（制御）するために「二本の手綱」を取りつけた。その一つが憲法第９条で、もう一つが日米安保条約である。憲法第９条を〝下賜された〟日本が生存するためには、日米安保条約が命綱なのだ。そのうえで、アメリカは日本（ポチ）を〝弱視・弱聴〟――すなわちインテリジェンス弱体国家――にする体制を強いた。これにより、日本を情報操作できることになった。

アメリカにとって、日本がインテリジェンス体制の強化を図ることは、憲法９条の改正や日米安保条約を破棄することと同様に、戦後の日米同盟体制（戦後レジーム）を抜本的に変える、〝革命〟に相当する「挙」なのである。

筆者は、アメリカによる日本の情報操作の一端をうかがう機会があった。筆者は、防衛庁情報本部の初代の画像部長（１９９７年1月～１９９８年7月）に就任した。当時、我が国の防衛にとって北朝鮮の核ミサイル開発が脅威としてクローズアップされつつあった。機密保持の観点から詳細は申し上げられないが、アメリカは親切丁寧に北朝鮮の核ミサイル開発に関する情報を日本に提供し続けた。それも防衛庁情報本部、警察庁、外務省などさまざまなチャネルからの〝御注進〟であった。どのチャネルにせよ「総理、すごい情報です！」とばかりにそれぞれの省・庁益のために官邸に報告していたはずだ。

韓国で防衛駐在官（1990～1993年）をしている時に、アメリカが北朝鮮の核開発について対日情報操作をしている疑いを持った。1992年の秋頃だったろうか、在韓アメリカ軍の情報部長（兼米韓連合軍司令部情報部長）のグラント少将（仮名）が柳健一大使に面会を求めてきた。大使が「福山武官、どんな用件なのだろう」と言われるので「多分、寧辺《ニョンビョン》の核施設の説明だと思います」と答えた。当時『アエラ』誌に出ていた偵察衛星の写真を用いて、その概要を大使にブリーフィングした。

案の定、グラント少将は寧辺の核施設について本物の衛星写真を示しつつ、北朝鮮の核開発を説明した。筆者は、その内容を公電で外務省に報告した。アメリカは当然さまざまなチャネルで外務省に同様の情報を伝えていることは間違いないと思った。

余談だが、筆者が同少将を玄関で迎えると開口一番「君がカーネル福山か？」と初対面であるにもかかわらず、かねてから筆者の名前を承知していると受け取れるニュアンスで話しかけてきた。この言葉を聞いた筆者は「第六感」としかいいようがないが「この将軍は、俺が送っている公電を盗聴・解読しているな‼」と確信した。確たる証拠はない。しかし、アメリカは第二次世界大戦中とその前に日本の外務省や陸海軍の暗号電報を解読した〝前科〟がある。

アメリカは世界のどこかの日本大使館から暗号解読の手がかりを得て、エシュロン（アメリカを中心に構築された軍事目的の通信傍受：シギントシステム（協力体制））で日本の外務省が送受信するすべての公電を解読しているのではないかと思った。筆者は「情報を制するものは世界を制す」と思っているが、パクスアメリカーナの盟主たるアメリカが日本の外交電報を解読していてもおかしくないと思う。外務省当局も暗号の保全には細心の注意を払っているものと思うが、諜報の世界では油断できない。

アメリカの北朝鮮の核開発を活用した対日情報操作の成果の一つは、日本による高価なアメリカの武器の導入・調達だろう。海上自衛隊は、アーレイ・バーク級の初期建造艦（フライトⅠ）をベースとしてイージスシステム（ＡＷＳ）搭載ミサイル護衛艦（ＤＤＧ）――こんごう型護衛艦――の建造を１９８８年度から開始し、１９９３年から１９９８年にかけて4隻(こんごう、きりしま、みょうこう、ちょうかい）が竣工した。建造単価は約１２２３億円であった。

春名幹男氏の『秘密のファイル　ＣＩＡの対日工作』（共同通信社、２０００年）によれば、アメリカは日本を抱き込むために張り巡らされた情報網（日本人スパイ）を通じ政界工作などの対日情報戦をやっているという。また『ＣＩＡスパイ養成官：キヨ・ヤマダの対日工作』（山田敏弘著、新潮社、２０１９年）によれば、アメリカは日本の政財官界にエージェントを抱え、諜報面でも日本を支配できる体制を構築しているという。

そのような日本が本格的に情報体制を強化することは、アメリカにとっては「一大事」であるに違いない。情報体制の強化には、左翼政党やメディアなどが猛反対するだけではなく、アメリカが水面下で潰しにかかるに違いない。アメリカが唯一同意する日本の情報体制強化は「アメリカの紐がついた情報体制の強化」だけであろう。その証は、前述のように「アーミテージ・ナイ報告」のなかで「ファイブアイズ」に日本を加えた「シックスアイズ」の実現に向け、日米が真剣に努力すべきだと提唱したことだ。

◆外務省の功罪――外務省は日本独立（自立）を阻む〝ビンの蓋〟？

情報体制の強化が日米同盟見直しに通じることを考えれば、外務省の立場からは情報体制の強化は簡単には賛同できないだろう。戦後、外務省は日本の対米追従体制（ポチ状態）づくりに加担し、日本の自立を阻む〝ビンの蓋〟の役割を果たしてきた。奇異に聞こえるかもしれないがその理由・経緯はこうだ。

敗戦後、日本に乗り込んできたマッカーサーは英語を駆使できる外務官僚を便利な〝通訳兼小間使い〟に使った。軍国主義日本の罪については天皇や外務省は宥免され、旧日本軍が〝生贄〟となって解体され、職業軍人は公職追放された。外務省は、むしろ敗戦により〝焼け太り〟、究極の〝敗戦利得者〟となった。旧軍部・憲兵隊当局の符丁（暗号）でヨハンセン（吉田反戦）と呼ばれた外務官僚出身の吉田茂は、マッカーサーに取り入って権力を握り、アメリカ追従の戦後レジームの国づくりに邁進した。保安大学校（後の防衛大学校）の1期生の入校式で、吉田は「もうすぐ国軍にするから、しばらく我慢してくれ」と言ったそうだ。しかし吉田は防衛大学校1期生を欺いて吉田ドクトリン（軽武装）を採用し、それを引き継いだ自民党政権は戦後75年以上もその国防体制は変えなかった。

吉田が構築した戦後レジーム（日米安保体制）は外務省の省益に合致している。日本の安全保障は自衛隊よりもアメリカ軍に依存しているのが実態だ。アメリカ軍による日本の防衛を保障する日米安全保障条約の主管官庁は外務省で、その実務は日米安全保障条約課と日米地位協定室が行っている。戦前、旧帝国陸海軍との軋轢を経験した外務省からみれば「ライバルとなる軍を排除する」という「究極の願望」が実現したことになる。すなわち、外務省は、国家の大権である「国防と外交」の二つを手に入れ、その背後には世界覇権国家のアメリカがスポンサーとしてついているのだ。アメリカと日米安保条約があれば、外務省は自民党政権でさえも手玉にとることができる。外務省はアメリカの日本支配のいわば「出先機関（代官）」のような地位を手に入れた。

そんな外務省からみれば、日本の安全保障のためには、自衛隊に国家予算を投資するよりも思いやり予算などでアメリカ軍に投資し、アメリカの武器を買うことの方が、優先度が高いはずだ。外務省は、戦後長きにわたりこの体制（戦後レジーム）に甘んじることを「よし（good）」とするどころか、それが日本にとって「最良（best）」と信じるようになったのではないだろうか。その証拠に、小和田恒元外務次官は外務省時代「ハンディキャップ論（簡単にいえば「吉田ドクトリン（軽軍備・経済発展重視）」を今後も続けていくという発想）」を唱え、アメリカ追随を肯定していたではないか。

なるほど、戦後の長い平和と経済大国となったことをみれば外務省の日米同盟強化は「功」とみるべきかもしれない。しかし、その一方で大きな弊害も生じた。戦後75年以上も憲法9条を改正できず、国防を他国（アメリカ）に委ねることに慣れてしまい、国家民族の自立の気概が失われつつある。愛国心も諸外国に比べ異常に低調である。このことは「罪」である。「外務省は、〝省益〟のためにアメリカに日本の〝魂〟を売り、そのエージェントになり下ってしまった」と言えなくもない。

このような外務省が、日米同盟を脅かしかねない日本のインテリジェンス体制強化にどう向き合うのだろうか。いずれにせよ、外務省の抜本的な意識改革・パラダイム変換がなければ日本の自立はできない。

◆政治・行政指導者の資質

『インテリジェンス　武器なき戦争』（幻冬舎新書、2006年）の著者の一人の手嶋龍一氏は、インテリジェンスを使用し政策決定などを行う政治・行政指導者について、次のように述べている。

《銘記すべきは、いかに優れたインテリジェンスであっても、優れた政治リーダーが使いこなしてはじめて価値があるということです。リーダーは、インテリジェンスの判断をひとたび誤れば、すべての責任は自らが負うという覚悟がなければなりません。そういう政治指導者がいなければ、イ

ンテリジェンス機関などどんなにたくさん作っても国家の舵取りに生かすことはできません》

つまり我が国の、総理大臣をはじめとするインテリジェンスを使用する立場の人間が凡庸であれば、せっかくの価値あるインテリジェンスも「猫に小判、豚に真珠」の喩《たとえ》になりかねない。政治指導者は、国家を運営するうえで、インテリジェンスの価値を認め、常にインテリジェンスに関心を持ち、価値あるインテリジェンスを見逃さず、それを最大限に活用するセンスを持たなければならない。

このような資質は、天性のものだという向きもあるが、やはり努力して身につけることは可能であろう。日本では欧米に比べ残念ながら国家安全保障レベルのインテリジェンス能力を磨く教育や機会がはなはだ少ない。戦後我が国では、軍役（自衛隊入隊）の経験を持とうとする気概のあるエリート層は皆無といっていいほどだ。イギリスのチャーチル首相、フランスのドゴール大統領やアメリカのケネディ大統領の例を引くまでもなく、強いリーダーシップやインテリジェンスのセンスを身につけるうえで、軍役は格好の道場だ。

また、残念なことに、大学が自衛官の受け入れを忌避する傾向がある。東京大学がその好例だ。２００２年、筆者が東京大学工学部で「産業総論」（中尾教授担当）の講義の一環として、自分自身の自衛隊歴（体験談）の紹介を通じ自衛隊全般に関する説明を行ったのだが、東京大学においては、現役自衛官が実施した講演・講義の最初のケースだと聞いた。もちろん修士課程や博士課程への自衛官学生の門戸は頑なに閉じられたままだ。知的財産を窃盗する中国人留学生は大勢受け入れるが自衛官の入学は峻拒する。こんな状態では、現実的な安全保障に関する講座が充実するはずがない。また、このような教育環境から育ってきた政治家が世界基準の安全保障観やインテリジェンスのセンスを身につけているることを期待するのは無理だろう。日本の指導者になることが期待される若者たちに、いかにして世界基準の安全保障観やインテリジェンスのセンスを身につけさせるかが今後の課題であろう。

◆対外インテリジェンスの功罪

イスラエルをはじめ諸外国では、対外インテリジェンス活動の一環としてスパイ（諜報）、秘密工作活動、盗聴、密輸、拉致・誘拐、暗殺及び人質救出などを平然と行っている。一見しておわかりのように、外交的な見地では、これらのインテリジェンス活動は、その舞台となる国々の主権を著しく侵害するものであり、しかも、ほとんどの場合、重大な犯罪行為そのものである。

これらのインテリジェンス活動は、痕跡が残らず、舞台となった国が認知できなければ100パーセント成功といえるかもしれないが、常に露見するリスクがある。日本のインテリジェンス活動が露見した場合、日本に対して悪感情を持つ国が増え、日本の外交などに決定的ダメージをもたらすのは確実である。すなわち、対外インテリジェンスは必ず「功」の部分と「罪」の両面を持ち、必ずしもすべて国益につながると言い切れるものでもない。したがって、対外インテリジェンス特にスパイ・工作の実施は、より慎重な配慮を求められる。

日本は、ホロコーストなどの「被害者」という立場のイスラエルとは歴史的背景が完全に異なり「加害者」という位置づけにあり、対外インテリジェンスの失敗による副作用は取り返しのつかないほど深刻なものになる可能性がある。また、イスラエルの場合は、世界各国にユダヤ人が確固たる社会的な地位・基盤を築いていて、モサドなどの情報機関に対する世界規模での直接・間接支援・協力が可能であるが、日本の場合はそうはいかないだろう。

国外におけるインテリジェンス活動が、外交関係の対立につながる事例は枚挙にいとまがない。近年の例では、ロシア連邦保安局（ＦＳＢ）の元職員（中佐）のアレクサンドル・リトビネンコ氏の毒殺事件に絡み、イギリスとロシアの間で外交官の追放合戦が行われ、英露の外交関係が悪化し、冷戦時代に逆戻りするほどの様相をみせた。この事件は、２００６年11月リトビネンコ氏がロンドン市内で放射性物質ポロニウム２１０により毒殺されたものである。

イギリスは、旧ソ連スパイ機関・国家保安委員会（ＫＧＢ）出身のビジネスマンのアンドレイ・ルゴボイ氏を殺人の実行犯とみて、ロシア政府に引き渡しを要求したが（２００７年５月28日）、ロシア側は、引き渡しを拒否した（同年7月5日）。このため、イギリス政府は7月16日、ロシア外交官４人の追放を決定したのである。これに対し、ロシア外務省も19日、イギリス外交官４人を国外退去処分にしたほか、イギリス政府関係者へのビザ発給、テロ対策でのイギリスとの協力を停止するなどの報復措置を発表した。

このように、インテリジェンスの失敗の「つけ」はきわめて大きいことを覚悟しなければならない。

◆人材配置の重要性

自衛隊は、筆者が在職した当時、情報分野に行く者は「二流、三流の人材」だとみられていた。自衛隊現役時代、筆者も情報勤務が長かったが、自分では「何くそ負けるものか、俺は一流だ」と情報勤務を誇りにしていた。世界では情報職種の評価は日本とは真逆で、「情報は一流の人間が就く仕事」だという認識がある。それだけみても、日本がいかに情報軽視の国、情報に疎い国であるかがわかる。

どんなに素晴らしい器も、そのなかに盛る料理が貧弱であれば器の良さは活かされない。同様に、いくらインテリジェンス機構を強化してもそれぞれの組織に適材を配置しなければ、インテリジェンス機能の強化にはつながらない。具体的に言えば、総理大臣の〝軍師〟に相当するインテリジェンス・コミュニティーの取りまとめ役（現在は内閣情報官）には、当代随一の人格識見と愛国の熱情を持つ人間を充てるべきだ。警察庁と外務省だけが独占するポストにはすべきではない。インテリジェンス・コミュニティーの取りまとめ役の「トップ」の人事配置で「国家インテリジェンス機能強化」の成否の半分は決まるものと思う。また、そのスタッフにも第一級の人材を当てるべきである。これらの人材は、限定された官庁だけの官僚だけを対象にすれば、人材ソースが限定されるので、対象外の官庁出身の官僚はもとより産・学界など広く人材を集めるべきである。

◆対外インテリジェンス組織確立のための一方策――「外国人顧問の採用」

１９４５年の敗戦とともに、陸・海軍省及び参謀本部・軍令部が廃止されたことに伴い、陸軍中野学校や旧陸海軍の情報機関であったさまざまな特務機関はすべて解隊された。また、同年、特高警察も治安維持法とともに廃止された。これにより、それまで蓄積されたインテリジェンス（スパイ・工作など）や暗号・解読のノウハウが失われ、熟練インテリジェンス要員も野に下った。

インテリジェンス組織の解体の様子を、『大本営参謀の情報戦記』（文春文庫、１９９６年）のなかで、著者の堀栄三氏は次のように述べている。

《陸軍中央特殊情報部（暗号解読の実施部隊）は、昼夜を分かたず敵国や中立国のラジオ放送を傍受していたのは当然のことであったが、８月11日のシドニー放送で、「日本がポツダム宣言の受諾を決した」ことを、仕事柄いち早く承知してしまった。この放送は東京の本部でも、出先の新潟出張所でもともにキャッチして、ついに来るべき時が来たという気持ちになった。

早速、西村敏雄特情部長は幹部を集めて、終戦時における特情部の処理について構想を示し、その夕方から浴風園と全国の各出張所では、日本陸軍特情部解体のため、連日連夜に亘って膨大な暗号関係の資料や、暗号解読関係の機械の処分に移った》

その様子は、当時特情部の企画運用を担当していた第一課長横山幸雄中佐の手記に残されている。

《暗号解読のための資料は、紙一片と雖も残さず一切を焼却し、黒煙は三日間に亘って高井戸の空を焦がし、機械類はその一片に至るまで破壊し、暗号書の一部は土中深く掘って埋め、如何に占領軍が特情部の仕事と内容を追求しても、その解明は不可能な状態とした。さらに将来の米軍の追跡調査を予想して、陸軍の編成表から特情部の名称を消し、特情部の主要人物の姓名を、陸軍省の人名簿から抹消する処置もとられた。

かくて一切の処置を終わった特情部は、西村特情部長以下ほとんど全員が浴風園の特情本部裏の広庭に集まって、8月15日の天皇の玉音放送を待った。玉音放送を聴き終わるや否や、西村特情部長から悲壮な解散の詞があり、あらかじめ指示されていたとおり、一人も残さず全国に散って地下に潜ってしまった》

暗号解読のみならず、インテリジェンスなどの分野においても、同様な処置がとられたものと思われる。

そんななか、旧軍のインテリジェンスの遺産の価値に注目し、旧陸軍の諜報・工作などのノウハウを発足間もない自衛隊に役立てようとした人物がいた。大東亜戦争中、南方でマレー・インド国民軍（ＩＮＡ）工作などに携わった「Ｆ機関」の指揮官だった藤原岩市氏であった。藤原氏は、自衛隊入隊後、第二代の陸上自衛隊調査学校長に就かれ、自衛隊のインテリジェンス部門の育成に尽力された。『軍事研究』誌２００７年７月号別冊に掲載されたインタビュー記事「伝説の『Ｆ機関』指揮官、藤原岩市の〝戦後〟」で冨澤暉元陸上幕僚長（藤原将軍の女婿）は、次のように述べている。

《彼（藤原陸将（当時））はまた、旧軍の情報関係者多数の聞き取り調査をさせ、情報工作の資料集めをやった。過去の経験を徹底的に分析し、将来の教育に役立てようとしたのです。もっとも、調査学校で保管していたそれらの資料は、後に「赤旗」が自衛隊の情報部門についてスキャンダラスに書いた時、学校幹部が表面化を恐れて全部燃やしてしまったということです》

このように、我が国は敗戦とその後のアメリカの対日政策（新憲法下の軍備・インテリジェンス機関の整備・強化の抑制など）によって、それまで開発・発展してきたインテリジェンスにかかわった人材とさまざまなノウハウをほとんど失い、特に対外インテリジェンス（スパイや工作など）に関するノウハウが、諸外国に大きく遅れてしまったものと考えられる。

この遅れを取り戻すためには、極論かもしれないが、我が国の対外インテリジェンス組織を確立した後、当面その活動が軌道に乗るまでの間、イスラエルのモサド、アメリカのＣＩＡ、オーストラリア保安情報機構（ＡＳＩＯ）、イギリスの秘密情報部（ＭＩ６）やインド情報局（ＩＢ）の経験者（ＯＢ）などを、アドバイザーとして一定期間雇用するのも一策であろう。いずれの国のインテリジェンス機関と連携を行うかは、戦略的な視点（将来のインテリジェンス戦略）からなされなければならない。国家間でインテリジェンス機関が連携することは、いわば「準同盟」とも呼べるほど、国家の安全保障にとっては意味のあることだろう。

安倍政権当時、台頭する中国を念頭に、イギリス・NATO及びオーストラリアとの安全保障上の連携を模索しはじめたことを勘案すれば、インテリジェンス分野の国家間連携においてもさまざまな選択肢があるものと思う。

明治維新草創期には、特に軍事部門において、後の帝国陸軍に大きな影響を及ぼしたドイツ陸軍のメッケル少佐をはじめ、さまざまな「お雇い外国人」を招聘した経緯がある。戦後、地に落ちた我が国のインテリジェンス能力（特にスパイ・工作部門）は、かつて明治政府が西洋に門戸を開いた当時の我が国の国防体制と同様、相当に遅れていることを謙虚に認めるべきだと思う。

ちなみに、1948年、オーストラリア保安情報機構（ASIO）の創設に際しては、イギリスの国家治安維持を担当する保安局（MI5）の長官だったロジャー・ホリスを招聘したという例もある。

当然、このような考え方には反論（警戒論）もあろう。佐藤優氏は『インテリジェンス　武器なき戦争』（前出）のなかで、「情報の世界においては、外国の情報機関を自国の情報機関の『下請け』にしようとする本生がある」と指摘している。したがって、インテリジェンスというわば「国家の頭脳」にもあたる機微な分野に「お雇い外国人」を招聘する場合、その関与させるべき期間・業務は極力限定されるべきであることは論を俟たない。

◆アメリカのインテリジェンス機関などとの連携

日米安保条約を堅持する限り、従来通り、アメリカインテリジェンス機関との一定の連携は必ず必要であろう。この際、我が国インテリジェンスの独自性を確立するという立場と日米同盟体制を維持・強化する立場のバランスをどう図るかがポイントだ。世界最高のインテリジェンス能力を有するアメリカのインテリジェンス機関と日本のそれを比べれば〝巨人と小人〟の関係と比喩できよう。アメリカのインテリジェンス能力を最大限に活用するためには、少なくとも一定のギブ・アンド・テイクを行うことができるレベルまで日本のインテリジェンス能力を強化する必要がある。『インテリジェンス　武器なき戦争』のなかで佐藤優氏は日米情報協力の将来の在り方について次のように述べている。

《インテリジェンスの面で全く独自性を持てないようでは、国を守ることはできないでしょう。そこで私は、インテリジェンスに関する日本とアメリカの関係は、第一段階として旧ソ連と東ドイツの関係を目指すべきではないかと思っています。かつての東ドイツは、ソ連の下請け的な情報機関として、東欧諸国のなかでもとくに重要な役割を果たしていました。しかし、完全な下請けではなかった。（中略）まずはアメリカとのあいだでこうした関係を築いたうえで、徐々に国力に見合った情報体制を強化していけばいいと思います》

◆国民の人権・プライバシーの保護・知る権利（取材の自由の保障）の尊重

第二次世界大戦前・中の教訓を活かし、国民の人権・プライバシーの保護・知る権利（取材の自由の保障）などを最大限保障しつつ、インテリジェンス業務を行う工夫を追及しなければならない。

これらについては、「日本インテリジェンスの再興（情報体制の強化策）その1――安全保障の見地から「左翼勢力」に対する適切な対応・処置を」（114ページ）と「日本インテリジェンスの再興（情報体制の強化策）その2――セキュリティ・サービスの抜本的な強化を」（192ページ）でも詳述した。

◆秘密保護に関する法制の強化

国家、社会においては、どんな問題でも必ず国民の利害が対立するケースが一般的だ。これらの利害を調整するためには、何事もバランスが必要である。現在日本においては「知る権利」のみが強調され、情報公開が一方的に進んでいる。「情報公開」の対極にある「秘密・情報の保護」も国民の安全や利益を守るうえできわめて重要であることは論を俟たない。「秘密・情報の保護」についても、早急に国民的なコンセンサスを形成し、法制を強化する必要がある。

そのため、具体的な事例を活用し「国家安全保障などにかかわる秘密のインテリジェンスをスパイなどから防護することは、国民の生命・財産を守るうえできわめて重要である」という側面を、国民に広報する必要があるだろう。

◆アメリカに関するインフォメーション・インテリジェンス活動の強化

筆者が、ハーバード大学アジアセンターで２年間（２００５～２００７年）研修して驚いたことは、アメリカの日本研究が徹底していることである。日本研究者のセミナーでアメリカ人が、志賀直哉の長編小説『暗夜行路』の主人公の時任謙作の心理の分析をする場面があったが、こんな研究・セミナーなどは日本の大学でさえも稀であろう。アメリカでは、ハーバード大学のみならず、多くの大学に日本研究を専門とする学者がたくさんいて（一説には約２０００人以上）、日本の過去・現在・未来にわたり、あらゆる分野を舐めるが如く観察・研究している。また、若者だけではなく筆者のよう老人も含め多くの留学生・研究者を受け入れている。これらの留学生などの多くは「知米」になるだけでなく「親米」になる可能性が高い。また、これらの留学生がもたらす多様な知識や文化は、アメリカの外国研究に大いに役立つものだろう。アメリカは、日本のみならず、世界各国について幅広いインフォメーション収集・研究を行っており、多くの専門家と巨大なデータバンク（図書館や蔵書・資料を含む）を持っている。

ひるがえって、日本のアメリカ研究はどうだろうか？　筆者の率直な印象としては「灯台下暗し」

という表現がピッタリだと思う。日米同盟により、国家の運命の相当部分をアメリカに委ねている日本・日本人は、アメリカについての知識・理解を深める努力がきわめて不十分だと思う。副島隆彦氏はその著書『世界覇権国アメリカを動かす政治家と知識人たち』（講談社、１９９９年）のまえがきで次のように述べている。

《私達日本人に、アメリカの政界の全体構図を分かりやすく伝えてくれる本が一冊もないことに、私はだいぶ前から気づいていた。（中略）
アメリカの政治的知識人の思想的全体構図の理解がないので、アメリカの政治についての日本国内の報道は、その場その場の断片的なできごと報道に終わってしまう》

副島氏が指摘するように、アメリカの政界の全体構図をわかりやすく伝えてくれる書籍が一冊もないだけでなく、その他の分野についても似たり寄ったりで「アメリカの日本理解と、日本のアメリカ理解」はきわめてアンバランスではないだろうか。我々は「日米同盟」という言葉のみで「両国は相互に何でも知っている仲」と錯覚していると思う。人間は、交際するに際して、相手の出自・経歴を知るのは当たり前のことである。同様に、同盟国であるアメリカの本性を徹底的に研究・理解することは、安全保障の「イロハ」ではなかろうか。今後、アメリカをあらゆる分野において徹底的に理解する努力をすることこそが「戦後からの脱却」の始まりだと信じている。

「クリントン大統領のテレホン・セックス盗聴事件」や「アメリカ海軍情報部内のスパイ、ジョナサン・ポラード事件」などの例のように、アメリカの事実上の同盟国であるはずのイスラエルが、アメリカ国内で活発なスパイ活動を行っていることに、私たち日本人は注目すべきである。

◆官・学問の人事交流・連携の強化

アメリカにおいては、官・学問の交流が活発に図られている。官・学問の連携がアメリカよりもはるかに遅れている日本においては、今後、学者の持っているさまざまな知識や、優れた人材そのものをフルに活用する道を模索すべきではないだろうか。特に、アメリカや中国に関する広範な研究やインフォメーションの収集には、多くの優れた学者の協力を得、官・学が一体的に、一貫性を持って総合的に研究し、インフォメーション収集を図るべきである。このためには、インテリジェンス機関などに学界から人材を登用できる人事制度を確立すべきである。官・学問の交流は、教育・研究の現場にも良い効果をもたらすのではないだろうか。

ハーバード大学の教授たちのなかには、ワシントンで政府の要職にあった経験を持つ者が相当おり、学生の立場からみれば「理論と実践」両分野を経験した教授に対する尊敬と信頼感がある。この点が、吉田茂首相が東京大学の南原繁総長に対し「曲学阿世」と誹謗した日本とは違うところだ。こ

ただ、この際のポイントは、学者などに対する秘密保全（防諜）を確保するシステムの確立が不

可欠である。

◆「二億の瞳」構想

昔、壺井栄が書いた『二十四の瞳』という小説を読んで感動した。小豆島の岬の分教場の12名の小学生と坪井自身の教師体験を書いたものと記憶している。

その数え方に倣えば、日本人の瞳の数は、2億個以上ある。加えて耳も2億個以上ある。日本人が、自らを守るためには、国家インテリジェンス機関を強化することだけではなく、国民一人ひとりが、同胞を守るために耳目を働かせ、インテリジェンス機関などに協力することが必要だろう。市民の国家インテリジェンス機関などへの協力の実例を紹介する。

イスラエルの諜報機関モサドは、ヒズボラのテロリストのアブドゥラ・ザインがスイスのリーベフェルトに潜伏していることを突き止め、殺害することになった。ザインの隠れ家の近くに作戦の拠点となる家を借りて準備をしていた。ところが拠点の通り向かいに住む老女がモサドの暗殺チームの挙動を不審に思い警察に通報したため、計画は失敗に終った。その経緯をゴードン・トーマスは『憂国のスパイ』(光文社)で次のように述べている。

《通り向かい側では、不眠症に悩むある年配の夫人――スイスの警察は、最後までこの夫人のことを「マダムX」としか呼ばなかった――が、その時も眠れぬ夜を過ごしていた。そして、寝室の窓から妙な光景を目にする。ひとりの男――モサドの暗殺チームメンバーのルーベンスタイン――が、向かいのアパートの玄関をのぞかせまいとするかのように、ガラスの扉をビニールシートで覆い隠していた。シートの裏側では、さらにふたつの人影が動いている。通りの方に目をやると、駐まった車のなかに、ひと組の男女の姿がおぼろげに見える。ダニー・ヤトム（筆者注：モサド長官〈1996～1998年〉）が警告したように、夫人の目に映ったものは、明らかにうさんくさかった。夫人は警察に電話した。（筆者注：チーム全員が逮捕され、モサドによるヒズボラ活動家の暗殺計画は失敗に終わった）》

このように、市民の耳目を通したインテリジェンスは、大きな力を持つ。最近我が国では、マスコミも社会正義の見地から、企業などの内部告発（密告）には理解を示している。したがって、同胞の命を守ることには、反対する理由はないはずだ。国家レベルのインテリジェンスが、国民の利益にかなうものであれば、「二億の瞳」のインテリジェンス協力は国民の理解が得られるはずだ。この瞳のなかには、商社などの企業関係者や学者などの海外に展開する方々のものも含まれる。中国などにおいては、すでに触れたように、国家が主導して、海外にインテリジェンス（技術情報を含む）の収集などで学者や留学生などのヒューミントを活用しているといわれている。

以下のクラウド・インテリジェンス構想は「二億の瞳」構想をさらに具体化したものである。

◆クラウド・インテリジェンス構想

いきなりスパイ制度を創設するよりも、海外勤務・旅行者、留学生、航空機・船舶の運航者など海外に赴く数多くの日本人の目と耳を活用して情報を収集する態勢の構築をしたらいかがであろうか。メディア記者やフリージャーナリストなどとの緩やかで自発的な関係構築ができればなおよい。

これを筆者はクラウド・インテリジェンスと呼ぶことにする。準スパイ機構といえなくもないが、そうなれば軋轢が多くなるので、そのような指摘を受けない知恵と工夫が必要だ。もちろん、協力者に関するプライバシーの秘匿や報償も考えなければならない。

政府組織の情報機関として「クラウド・インテリジェンス局」（仮称）を創設する。どの省庁などに付属させるのかは改めて検討が必要だろう。

「クラウド・インテリジェンス局」は、旅行者や海外に進出する商社やメーカーなどから大量の「情報の断片」をかき集め、そのクラウド状の断片を集積してジグソーパズルのように組み立てれば、スパイ一人ひとりに匹敵する情報を生み出せるのではないだろうか。中国はアメリカなどへの留学生数十万人に情報収集任務を付与し、集めた情報をジグソーパズルのように組み立てていく手法でさまざまなインテリジェンスを獲得しているといわれる。

ただし、このやり方は対象国を刺激しないような工夫が必要である。さもなければ、海外で逮捕される恐れがあるほか、ビジネスの阻害要因になりかねない。

「クラウド・インテリジェンス局」は、企業などにも情報・防諜担当者を指定してもらい連携を強化することも必要だ。これらの担当者は、組織を束ねて「情報の断片」を集めるほか、公安警察などと連携して中国などによる技術窃盗などへの対処も任務とする。

◆ＪＣＩＡの創設について

列国と比べ、日本の情報体制の「不備」の一つは、ＪＣＩＡがないことである。これを克服する道は以下の二つの選択肢があろう。

第一案：可及的速やかに万難を排してＪＣＩＡを創設する――「一挙断行方式」

第二案：既存の情報機関の「性能・稼働率」を向上させて情報ニーズに応えつつ、段階を踏んで（一定時間をかけて）ＪＣＩＡを創設する――「漸進方式」

アメリカはＪＣＩＡの設立により日本が「自前の情報」を獲得できる体制を構築すれば「日本のアメリカ離れにつながること」を警戒し、ＪＣＩＡの設立を阻止する挙に出るだろう。中国、韓国などは、日本の軍事的・覇権的台頭の兆候と見做し猛烈に反対するだろう。また、共産党などの左翼勢力は暴力革命の陰謀や諸外国との共謀などを暴かれることを恐れ、左翼メディアや市民をも巻き込み、1960年安保闘争のような反対運動をすることだろう。

JCIAは、諸情報機関の筆頭格に位置づけられるものである。したがって、警察庁や外務省など関係省庁は熾烈な縄張り争いをするのは避けられない。政治家のリーダシップが望まれるが、それだけの見識・指導力がある政治家が出るかどうかは疑問だ。

筆者は著書『防衛省と外務省　歪んだ二つのインテリジェンス組織』（幻冬舎新書）で次のように書いた。

《インテリジェンス機関とは、国家にとっての『防寒着』のように思えてきます。寒い季節ほど分厚い防寒着が必要になるのと同様、国家も自分たちを取り巻く国際環境が厳しければ厳しいほど強力な情報機関が必要になるのです。

だとすれば、人が季節に合わせて衣替えをするのと同じように、国家もまた、安全保障をはじめとする国際環境の変化に合わせて、対外インテリジェンス機能を『衣替え』すべきでしょう。我が国のように、国境紛争や領土問題の発生リスクが高まったときに、隙だらけの夏服のようなインテリジェンス機関しか用意していないのでは、国が保《も》ちません》

すでに述べたように、中国の尖閣諸島を含む南西諸島に対する軍事的挑発のエスカレートやトランプ前大統領の例のように「アメリカ・ファースト」など身勝手な対日政策による日米同盟関係の弱化など日本に「超寒波」が襲ってくる可能性は高まりつつある。それに対応するためには「第一案：可及的速やかに万難を排してＪＣＩＡを創設する――『一挙断行方式』」をやる必要がある。しかし、この方式は、時の政権に、前述のように内外の強固な反対を押し切る覚悟と強いリーダーシップがなければ実現できない。

そう考えれば「第二案：既存の情報機関の「性能」を向上させて情報ニーズに応えつつ、段階を踏んで（一定時間をかけて）ＪＣＩＡを創設する」のが現実的であろう。

◆情報についての国民的教育

情報音痴といわれる我が国で国民的な課題は情報教育であろう。アメリカの大学では Mark M. Lowenthal の著書『インテリジェンス　機密から政策へ』（慶應義塾大学出版会）が広く講義で用いられている。いわば、大学生必習の書だ。同著では、インテリジェンスとは何か、アメリカのインテリジェンス機関の機能と役割、情報収集・分析、秘密工作、カウンターインテリジェンス、政策決定者及び議会との関係などをバランスよく解説しているほか、イギリス、中国、フランス、イスラエル、ロシアのインテリジェンス機関の紹介まで加えている。

日本の大学でインテリジェンスを教えているところはあるのだろうか。筆者の考えとしては、小学校生から大学生まで一貫して系統的にインテリジェンスの国民的な教育をすべきだと思う。

人工知能研究の権威であるレイ・カーツワイル博士は、ＡＩ（人工知能）などの技術によって、我々人間より賢い知能を生み出すことが可能になる時代──シンギュラリティ（技術的特異点）──が、２０４５年には到来すると予言している。２０１０年代に入り、ＡＩの飛躍的な発達やビッグデータの集積などに伴う「第３次人工知能ブーム」が起こるなか、シンギュラリティが注目を浴びるようになった。

このように、人類は究極の「情報革命」を迎えようとしている。その結果が人類に幸福をもたらすのか不幸（最悪は人類滅亡）をもたらすのかはわからない。いずれにせよ、日本人は情報音痴のままではシンギュラリティ後の世界では生き残れなくなる。

情報は技術面だけではない。瞬時も止まることなく変動・流転する国際情勢を的確に把握し、その本質を読み解く能力も必要だ。そのためには国民的な知性(インテリジェンス)を高めることが重要だ。

◆防衛駐在官制度の改善策

かけがえのない、ヒューミントの手段である防衛駐在官制度の改善策について述べたい。

第一は、防衛駐在官の指揮命令系統（資金・通信手段を含む）の見直しである。大東亜戦争敗戦で軍部が解体されたことに伴い、戦後、草創間もない防衛庁の事務次官とアメリカの威を借る圧倒的に格上の外務省事務次官の合意文書により、防衛駐在官は「外務大臣及び在外公館長の指揮監督下におかれる」ことになった。その原点は「旧軍の暴走」という反省に立ち「外交を一元化する」というものだった。制服自衛官である防衛駐在官は、外務省に出向するかたちで諸外国にある日本大使館などの在外公館に「外務事務官」として駐在し「自衛官を兼任」したうえで階級を呼称し、制服の着用ができるように定められている。この制度は諸外国にはみられない、敗戦に起因する日本独特のシステムである。外務省は、戦前の二元外交の再来を防止するために「外交の一元化」という〝錦の御旗〟の下に、同省の主張を防衛庁に飲ませたものである。防衛庁は内局という背広組と制服自衛官の二層構造になっており、防衛駐在官制度は、この制度に思い入れのない、それどころか制服組の台頭を抑えようとする背広組が外務省との交渉に当たっており、その落としどころ（妥協点）は、外務省の思惑通りになってしまった。この問題については、防衛省と外務省の協議レベルではなく、国家の安全保障という次元から政府（内閣総理大臣）が判断を下すのが筋だった。

そもそも「防衛駐在官は防衛情報（安全保障に関する情報）を得るのが目的」という見地からみれば、本来、その運用・活動は防衛省が行うのが筋である。ところが、その現状は、筆者の駐韓国防衛駐在官（１９９０～１９９３年）の経験では「船頭多くして船迷走する」状態で、一元的な指揮監督という趣旨からはほど遠い状態だった。外務省から大使経由で伝えられるはずの情報収集の指示は稀だった。また、防衛庁内局、陸上・海上・航空幕僚監部調査部、統合幕僚会議第２幕僚室からも何の指示も期待もなかった。筆者は「糸の切れた凧」のような状態だった。

筆者は、それぞれ関係部署の情報ニーズを「忖度」して活動していたのが現実だった。その原因は「防衛庁関係部署の外務省に対する遠慮」、「政策判断に生かす情報ニーズが低調」、「防衛外務首脳の情報に対する関心が低いこと」、「防衛駐在官で『箔をつけさせればよい』という程度の期待」などさまざまなものが考えられる。いずれにせよ、関係部署が防衛駐在官を「本気」で活用しようとする意志・意図がなかったのだ。つまるところ、日本民族の「情報軽視」がその根源にあると思う。

筆者の場合も、黙って無為に、楽に、3年過ごそうと思えばできた。だが、それは筆者の矜持が許さなかった。冷戦構造が崩壊し、北朝鮮が崩壊する危機があることを深刻に受け止め、全力で自主的に情報活動を行い、外務省経由で3年間に1511通の公電・公信（文書）を送った。また、在任中、日韓の軍事交流が活発になり、要人往来のアテンド、留学生交換、自衛隊員の研修のエスコートなどの業務にも奔走した。韓国軍との信頼関係を得るため、請われるままに武官団長（韓国軍は上から目線のアメリカ軍武官ではなく日本の防衛駐在官に武官団長就任を要請）として武官団活動を取り仕切った。その点では、充実した勤務だったと思う。

このような状態を改めるためには、防衛・外務省が防衛駐在官を個別にキメ細かく指導・管理して、的確に運用する態勢・仕組みを確立する必要がある。

「居候三杯目にはそっと出し」という諺《ことわざ》があるが、防衛駐在官は「外様」で、経費の要求はしづらい立場である。財務省から防衛駐在官のために配分される予算を、外務省から支給するのはよいが、あらかじめ「防衛駐在官枠」を防衛省・外務省の合意のもとに各防衛駐在官に使用可能な予算枠を示してもらいたい。

筆者は「機密費」を貰った最初の防衛駐在官ではないかと思う。そんなものが存在することすら知らなかった。ある官庁出身のキャリア官僚が、民間業者のトラブルを解決してリベートを貰っていた事件が発覚し、彼が貰っていた「機密費」を「福山武官に支給しなさい」という柳大使の英断が下された。財務省から配分される防衛駐在官用の「機密費」は外務官僚がネコババせずに、防衛駐在官に渡すべきである。さもなければ、経費は防衛省から防衛駐在官に直接支給する枠組みに変更すべきである。

筆者の防衛駐在官時代には、防衛駐在官から送られた公電（防衛情報）は、外務省から防衛庁に伝えられたが、相当な遅れが常態化していた。この積年の弊害は、2003年5月7日に防衛庁と外務省の間で締結された「防衛駐在官に関する覚書」により、防衛駐在官の防衛情報は「従来通り外務省を経由」するものの「自動的かつ確実に伝達」するように改められた。

第二は、防衛駐在官の人選と任期の延長である。防衛駐在官の一部の人選は、情報収集するうえで適任者というよりも〝箔をつける〟目的の人事が行われていたのではないかと思う。防衛駐在官によるヒューミントを強化するためには〝第二の明石元次郎〟や〝第二の小野寺信〟になり得る人物を選定すべきであろう。その具体的な選抜方法は研究・工夫する必要がある。人選は努めて早い段階（三尉、二尉の頃）から行い、長期にわたり教育し、準備する必要がある。

次に、任期であるが、現行では3年間である。これを4~8年間に延長する方法や、防衛駐在官補佐官（3年）を経験した後に、防衛駐在官（3年）にする（合計6年間）などの方法があるのではないか。情報活動は腰を落ち着けて中長期的に継続する必要がある。ただし、長期勤務させる場合は、定期的に各防衛駐在官の成果や適性の評価を行い、成果の出せない不適格者は任期を早々に打ち切り帰国させることも必要だろう。

筆者が韓国の防衛駐在官時代、アメリカ陸軍の韓国駐在武官のマッケニー大佐（仮名）は韓国における語学研修の後に韓国の陸軍大学で学び、武官補佐官を3年間、武官を3年間勤めた。なお、夫人は韓国人であった。前任者のジョーズ元大佐（仮名）は、退官後も韓国に留まっていた。おそらく、現役時代に培った人脈を生かして、ヒューミントを継続していたものと思われる。

第三は教育である。筆者が韓国の防衛駐在官に赴任する際の教育は防衛庁も外務省もおざなりで形骸化した内容であった。筆者が在任中に書いた公電原稿の写しを防衛駐在官教育担当の陸上自衛隊小平学校に寄贈しようとしたが、秘文書の管理などの問題を口実に受け取りを拒否された。これでは、幾多の防衛駐在官が自ら体験した貴重な教訓などを継続的に積み上げるシステムは構築できない。

政府は、スパイの制度を採用する以前に防衛駐在官や情報収集担当の外交官の能力向上に本腰を入れるべきであろう。

◆九州離島屯田兵制度――離島に「人の目＝監視機能」を置く（センサーも）

日本領土の尖閣諸島に対する中国の〝泥棒まがい〟の領有権主張や韓国による竹島の不法占拠で、日本国民の離島に対する関心が高まった。冷戦崩壊以降、ソ連の北海道侵攻のリスクが低下し、台頭しつつある中国に近い九州防衛の重要性がクローズアップされるなか、離島防衛は最重要課題となっている。

九州（沖縄を含む）には４５９９の島が存在するが、このなかで有人島はわずか１９１で、残りの４４０８は無人島である。人口減少傾向を深める日本では、〝限界集落〟が増えつつあるが、九州離島の有人島でも同じ問題――いわば〝限界島〟化問題――を抱えている。

筆者の故郷、宇久島――五島列島の最北端の小島――の例を説明しよう。宇久島では、大東亜戦争直後のピーク時には約１万２０００人あまりがいたが、２０２０年8月１日の時点では１９０６人で、約２人に１人が60歳以上だそうだ。また、１年に１００人のペースで人が減り続けているという。宇久島では少子高齢化が加速度的に進んでいるのだ。やがて無人島になることさえも危惧されている状況だ。

このような状況を考えれば、尖閣諸島や竹島だけでなく、日本の離島全体をいかに領有・確保するのかを抜本的に構想すべき時だと思う。特に、現在１９１ある九州の有人島からの人口流出、ひいては無人島化を防ぐことこそが喫緊の課題であり、離島防衛の大前提であると思う。なぜなら、無人島化すれば、島を実効支配する名分が低下し、隙をみていつの間にか第三国人が定住してしまえば、今の日本の弱腰外交では、奪回はきわめて困難と思われる。

我が国にとって、空恐ろしい仮想のシナリオを提示しよう。中国が、九州・沖縄周辺の無人島――硫黄島、横当島、上ノ根島、臥蛇島、草垣群島、宇治群島、男女群島など――のなかから単・

複数を選び、これを奇襲・隠密に占領する。その後、これら占領した無人島を「カード」として日本を脅迫・交渉し、日本が領有を主張している尖閣諸島を奪還（交換）する。

日本は、尖閣諸島や竹島にはかかわるが、大多数の島の管理はほとんどなされておらず、隙だらけの状態である。中国の中央軍事委員会連合参謀部情報局の要員が日本の釣漁船をチャーターし「無人島釣ツアー」と称して、現地偵察を実施したり、場合によっては隠密に無人島を占領するかもしれない。

筆者は陸上自衛隊勤務の最後に、九州防衛の中枢を担う西部方面総監部幕僚長を務めた（２００３〜２００５年）。在任中、五島列島防衛要領について研究するために五島列島をくまなく歩き、考えた。「離島防衛を論ずる以前に、〝限界島〟からの人口流失を食い止めることが急務だ」と思った。そして二つの無人島化阻止のための施策――「長崎・五島キリスト教会巡礼の旅」と「九州離島屯田兵制度」――を考えた。

インテリジェンスの観点からは、離島に人（日本人）を配置することにより、その〝耳目〟で〝異変〟を探知・報告できる状態を維持する必要がある。可能であれば、敵の航空機や艦艇（潜水艦を含む）を探知できるセンサーを配備できればさらによい。

中国や北朝鮮の艦艇・航空機・ミサイルなどの接近をなるべく遠方で探知するためには、最大限離島を活用する必要があろう。もちろん、それを迎撃するミサイルなどのプラットフォームとしても離島は活用できる。

●長崎・五島キリスト教会巡礼の旅

五島列島には51個の教会がある。筆者が訪れた教会は、どれも地元の信者の篤い信仰心を反映し、手入れが行き届いていた。これらの教会を見るうちに「長崎・五島キリスト教会巡礼の旅」というアイディアが湧いた。

「長崎・五島キリスト教会巡礼の旅」構想の要点について述べる。この構想は、異国文化の入り口だった長崎市を起点に客船で福江島に渡り、そこから徒歩と小船で五島列島を北上して最北端の宇久島に到達、引き続き船で平戸島に渡り、田平町、佐世保市を経てハウステンボスから島原半島を一周し、再び元の長崎市に戻る巡礼コースを設けるというものだ。巡礼者という旅人たちの人の流れ（flow）をつくることにより、五島列島の無人化を防ごうというアイディアである。島を「蘇生」させるために「血流」に当る「巡礼者の流れ」をつくる。この巡礼コース上には、トータルで133に及ぶ素晴らしい歴史を経た教会が存在している。巡礼者はコマーシャリズムに踊らされ、美酒・美食を求めて旅行するのではなく、命懸けで信教を守り抜いた古《いにしえ》の隠れキリシタンたちの霊魂と、今に生きるその末裔たちとの心の触れ合いを尊ぶことが大切だと思う。そのモデルとして、四国88カ所の巡礼や中近東のキリスト教・イスラム教の巡礼制度を研究する必要があろう。

●九州離島屯田兵制度

離島からの人口流出を防止する政策の一つとして「九州離島屯田兵制度」を提案したい。この制度は、明治政府が制定した北海道への屯田兵制度やイスラエルのキブツにも似た制度である。政府が人為的に九州の離島に住民を一定期間サイクルで定住させ、これを防衛の一助にするというアイディアである。この法的裏づけは、戦後、防衛という概念がまったく欠如した「離島振興法」のなかに書き加えればよいだろう。

「九州離島屯田兵制度」の要点は以下の通り。

有人の離島の戦略的重要度に応じて、現職陸上自衛隊の1個中隊（約150〜200名）、1個小隊（約20〜30名）、1個班（約10名）を配備することにより、当該島の防衛の基盤をつくるほか、人口減少に歯止めをかける一助とする。この際、努めて当該離島出身の子女を自衛隊員として採用・配置する。

この現職自衛隊部隊を補強し支援する離島専用の、「九州離島屯田兵」と仮称する新たな予備自衛官制度を創設することを提案する。「九州離島屯田兵」の要員は島民から採用し、有事には自らの故郷（離島）防衛に当たらせる。「九州離島屯田兵」の採用対象には、農・漁民、役場の職員及び学校の教員などを含める。これらの「九州離島屯田兵」には一定の生活支援給与を支弁する。ほか兼業も認める。

あとがき――日本は「耳の長いウサギ」に変身するのが喫緊の課題

ウサギは弱い動物だ。ウサギという種が生き残ることができたのは、その「繁殖力」と「俊敏さ」と「長い耳」のおかげだ。

「繁殖力」については、ある人が飼育していたペットのウサギ2羽のつがいが、わずか2年足らずで200羽以上に繁殖し、自宅内を〝占拠〟するほどの多頭飼育崩壊が起きたことが話題になった。ウサギは重複妊娠といって、お腹のなかにすでに赤ちゃんを授かっていても、さらに妊娠できる動物だ。

ウサギの「俊敏さ」については、「脱兎の勢い」という言葉からもわかる通り、それがウリの生き物だ。実際、野ウサギは最高時速70㎞以上で走るといわれており、これは馬よりも速い。

ウサギのチャームポイントである「長い耳」は、見た目通りに優秀な聴覚が備わっている。ウサギの耳は高い音が発する周波数を感知し、かなり遠くからでも音の発信源を探すことができる。人間の標準である1万7000ヘルツと比べ、ウサギは最大4万2000ヘルツまでの高音を聴き取ることができる。ウサギの天敵は鷹やフクロウ、キツネやイタチなどである。ウサギは鷹の羽音やキツネの忍び寄る足音などを遠くから聞き分けられる。

紀元前586年、新バビロニアのネブカドネザル2世によりとエルサレム神殿が破壊され、ユダヤの支配者や貴族たちは首都バビロニアへ連行された（バビロン捕囚）。その後、約2500年を経た1948年5月14日、ユダヤの民はイスラエルを建国した。ユダヤの民は国を手に入れた後は、アラブ諸国に包囲された状態で4次にわたる中東戦争を行い、国家・民族の生き残りに懸命に努力してきた。

イスラエルをウサギに例えれば「ウサギの耳」に相当するのが「イスラエルのインテリジェンス機関」であろう。ウサギ同様に弱小国家であるイスラエルは軍参謀本部諜報局（アマン）、総保安庁（シャバク：国内における治安やテロ関連情報の収集を担当）、そして諜報特務庁（モサド：諜報活動、情報収集、外国における秘密政治作戦を担当）など優秀な情報機関を保持している。

アメリカにインテリジェンスを完全に依存している日本は、たとえていえばさしずめ「耳のないウサギ」ということになろう。米中覇権争いが熾烈化し、台湾有事や朝鮮半島有事が懸念される今日、日本は「耳の長いウサギ」に変身するのが喫緊の課題であろう。

私事ではあるが、今夏76歳を迎えた私を日本ウェルネススポーツ大学の特任教授に招聘していただいた柴岡三千夫理事長にはこの場をお借りして深く感謝申し上げたい。

本書の執筆にあたって、株式会社ベストブックの編集担当・向井弘樹様は、私が書き上げる原稿を片っ端からきわめて効率的に編集していただき、本当に頼り甲斐のある担当者であった。心から感謝申し上げる。

参考文献

『図説　聖書物語　旧約篇』山形孝夫（フクロウの本）
『台湾危機は2027年までに起きるのか?』（NHK NEWS WEB特集2022年1月18日）https://www3.nhk.or.jp/news/html/20220118/k10013434791000.html
『北朝鮮の核・ミサイル能力向上の方向性と戦略上のインプリケーション』SSPD安全保障・外交政策研究会／道下徳成 http://ssdpaki.la.coocan.jp/proposals/90.html
『孫子の兵法活用塾』https://sonshinoheihou.com
『緒方竹虎と日本のインテリジェンス』江崎道朗（PHP新書）
『日本を動かしたスパイ 第二回　緒方竹虎 日本版CIAを夢見た男。コードネームは〝POCAPON〟』（『SAPIO』2016年4月号）
『「陸軍中野学校」の教え』福山隆（ダイレクト出版）
『スパイと日本人』福山隆（ワニプラス）
『防衛駐在官という任務』福山隆（ワニプラス）
『秘録・日本国防軍クーデター計画』阿羅健一（講談社）
『有末機関長の手記―終戦秘史』有末精三（芙蓉書房出版）
『旧軍幹部らが吉田首相暗殺狙う＝52年夏、クーデター企て――CIA文書』2007年2月26日付時事通信
『CIA：緒方竹虎を通じ政治工作50年代の米公文書分析』（『毎日新聞』2009年7月26日）
『14億の国民を1秒で特定「中国のコロナ監視」のすごい仕組みだから「封じ込め」も成功した』倉澤治雄（プレジデントオンライン）
『日本の赤い霧』福田博幸（清談社）
『ウクライナ戦争の教訓～我が国インテリジェンス強化の方向性～（改訂版）』茂田忠良（警察政策学会資料第125号）
『インテリジェンス　武器なき戦争』手嶋龍一、佐藤優（幻冬舎新書）
『大本営参謀の情報戦記』堀栄三（文春文庫）
『CIAスパイ養成官：キヨ・ヤマダの対日工作』山田敏弘（新潮社）

福山　隆（ふくやま　たかし）

元陸上自衛隊・陸将／日本ウェルネススポーツ大学特任教授／元ハーバード大学アジアセンター上級客員研究員／広洋産業株式会社顧問。

1947年、長崎県生まれ。防衛大学校を卒業後、陸上自衛隊幹部候補生として入隊。韓国防衛駐在官勤務の後、1995年には連隊長として地下鉄サリン事件の除染作戦の指揮を執った。2004年に陸将へ昇任し、翌年退官。ハーバード大学アジアセンター上級客員研究員、ダイコー株式会社取締役専務・執行役員を経て、現在は広洋産業株式会社顧問。

『「陸軍中野学校」の教え』（ダイレクト出版）、『閣下と孫の「生き物すごいぞ!」』（ワニプラス）など著書多数。

日本インテリジェンスの再興

2023年10月25日　第1刷発行

著　　者	福山　隆
発 行 者	千葉弘志
発 行 所	株式会社ベストブック 〒106-0041 東京都港区麻布台3-4-11 麻布エスビル3階 03（3583）9762（代表） 〒106-0041 東京都港区麻布台3-1-5 日ノ樹ビル5階 03（3585）4459（販売部） http://www.bestbookweb.com
印刷・製本	中央精版印刷株式会社
装　　丁	町田貴宏

ISBN978-4-8314-0253-0 C0031